_____ 님의 소중한 미래를 위해

이 책을 드립니다.

난생 처음
하와이

처음 하와이에 가는 사람이 가장 알고 싶은 것들

난생 처음
하와이

남기성 지음

메이트북스

메이트북스 우리는 책이 독자를 위한 것임을 잊지 않는다.
우리는 독자의 꿈을 사랑하고,
그 꿈이 실현될 수 있는 도구를 세상에 내놓는다.

난생 처음 하와이

초판 1쇄 발행 2018년 9월 20일 **| 초판 2쇄 발행** 2019년 1월 10일 **| 지은이** 남기성
펴낸곳 ㈜원앤원콘텐츠그룹 **| 펴낸이** 강현규 · 정영훈
책임편집 안미성 **| 편집** 이가진 · 이수민 · 김슬미
디자인 최정아 **| 마케팅** 한성호 · 김윤성 · 김나연 **| 홍보** 이선미 · 정채훈
등록번호 제301 - 2006 - 001호 **| 등록일자** 2013년 5월 24일
주소 06132 서울시 강남구 논현로 507 성지하이츠빌 3차 1307호 **| 전화** (02)2234-7117
팩스 (02)2234-1086 **| 홈페이지** www.matebooks.co.kr **| 이메일** khg0109@hanmail.net
값 16,000원 **| ISBN** 979-11-6002-141-7 13980

메이트북스는 ㈜원앤원콘텐츠그룹의 경제·경영·자기계발·실용 브랜드입니다.

이 도서의 국립중앙도서관 출판시도서목록(CIP)은 e-CIP홈페이지(http://www.nl.go.kr/ecip)에서
이용하실 수 있습니다.(CIP제어번호 : CIP2018020324)

여행은 끝났는데
길은 시작되었다.

• 게오르그 루카치(철학자) •

지상 최고의 낙원,
오아후 5박 7일간의 여행기

야자나무·원주민·섬·서핑으로 연상되는 곳, 오바마 대통령이 휴가 기간이면 방문하는 곳, 신혼여행의 성지와도 같은 곳, 연예인의 화보 촬영이나 결혼식을 위한 곳으로 손쉽게 접할 수 있는 곳이 하와이다. 한국에서 8시간이면 도착하는 하와이는 실제로 어디일까? 우리가 도착하는 하와이는 오아후 섬이다. 하와이 제도는 크고 작은 군소섬으로 구성되어져 있고 한국인이 흔히 하와이라고 부르는 곳은 오아후 섬을 말한다.

와이키키 비치, 서퍼들의 천국인 이 매력적인 곳을 어떻게 이야기할까? 하와이는 하와이 왕국을 구성하면서 독특한 폴리네시안 문화를 이룬 곳이며 다양한 민족 구성으로 먹거리와 볼거리가 넘쳐나는 곳이다. 무엇보다 그늘에만 들어가면 1년 내내 시원할 정도로 날씨가 좋으며, 일반적으로 섬에서 겪게 되는 물 부족현상이 없고, 수돗물을 마셔도 문제없는 천혜의 자연조건을 가진 곳이기도 하다. 미국의 50번째 주지만 다른 주에 비해 언어 장벽을 거의 느낄 수 없으며, 가는 곳마다 쉽게 한국인을 만나볼 수 있다. 섬 일주를 위한 렌터카의 한국어 GPS만 잘 활용하면 여행의 묘미를 금방 느끼게 될 것이다.

하와이에 관한 정보는 인터넷 검색만으로도 쉽게 찾을 수 있다. 하지만 해외여행이 처음이거나 하와이를 처음 찾는 여행자들에게는 이 넘쳐나는 정보가 오히려 독일 수 있다. 특히 여행사 패키지는 싫고 자유여행을 원하는 여행자들에게 수많은 볼거리와 먹거리 정보는 출발 전부터 혼란을 가중시킬 수 있기 때문이다. 이 책은 그런 여행자들에게 조금이나마 도움을 주고자 만들어졌다. 처음 하와이를 찾는 여행자나 먹거리 및 볼거리가 고민인 여행자들이 비행기 안에서 이 책을 펼쳐도 하와이 여행을 즐기기에 후회가 없도록 신중하게 만들었다.

특히 오아후 섬만으로 아쉬운 여행자들을 위해 이웃 섬의 필수 코스도 소개했다. 물론 하와이에는 이 책에 소개되지 않은 더 많은 보물들이 곳곳에 숨겨져 있다. 더 많은 보물찾기로 완성된 여행을 만드는 것은 이 책을 읽는 여행자들의 몫이다.

작가 로버트 스티븐슨은 "낯선 땅이란 없다. 단지 그 여행자만이 낯설 뿐이다."라고 했다. 적어도 이 책과 함께 떠난다면 낯설지 않은 친숙한 하와이 여행이 될 것을 확신한다. 에메랄드빛 바다와 그 바다를 사랑하는 서퍼, 끝없이 뻗은 야자나무, 시원한 그늘을 제공하는 반얀 트리 등이 있는 멋진 하와이가 당신을 기다리고 있다.

독자들과 '퍼스트고 시리즈'로 만나는 것도 벌써 6번째다. 원고를 집필할 때마다 책을 만드는 건 정말 쉬운 일이 아니라는 생각이 들면서 다시는 집필을 하지 않을 거라 수없이 다짐을 해보았지만, 새로운 책이 출간된 지 며칠이 채 지나기도 전에 또 다시 새로운 낯선 땅을 거닐고 있는 나를 발견한다. 여행은 마치 아편과 같은 중독성이 있다. 나는 여행에 중독되듯 그렇게 독자를 만나는 일에도 중독이 되었다.

한 권 두 권 나의 이름이 적힌 책이 나올 때마다 더 충실한 책을 만들기 위한 막중한 책임감이 밀려왔다. 그래서 이번 『난생 처음 하와이』는 더 유익하고 알찬 정보를 전달하기 위해 노력하고 또 노력했다. 이곳저곳 너무 많이 걸어 다녀 숙소에 도착할 때면 허리가 끊어질 것 같이 아팠다. 하지만 이 책을 보며 좀더 편하게 하와이 여행을 계획하는 독자가 있을 것이라는 믿음 하나로 이러한 수고스러움을 견뎌냈다. 그러니 이 책과 함께 멋진 하와이 여행을 계획하기 바란다.

한 권의 책이 나올 때마다 부족한 나에게 많은 격려와 힘이 되어준 원앤원콘텐츠 그룹에 감사하며, 책을 위한 모든 과정을 꿋꿋하게 버틸 수 있게 해준 나의 자양분 같은 사랑하는 가족들에게도 진심으로 감사하다. 무엇보다 하와이에서 수많은 도움과 친절을 주었던 이름 모를 현지인들에게도 감사를 전한다.

남기성

contents

PART 1

낭만이 있는 하와이,
내 생애 첫 여행

태평양에 있는 제도 가운데 가장 큰 섬이 하와이 섬(빅아일랜드)이라 주위 전체 섬들과 아울러 '하와이 제도'라고 불린다. 오아후(O'ahu), 빅아일랜드(Big Island/Hawaii), 마우이(Maui), 카우아이(Kauai) 등 8개의 큰 섬과 100개 이상의 군소 섬으로 이루어진 하와이 제도는 총 면적 2만 8천km²로 남한 면적의 1/3 정도다. 대부분의 사람들이 오아후 섬에 거주하며, 하와이 주의 주정부 역시 오아후 섬 남동쪽에 있는 호놀룰루에 위치해 있다.

하와이는 폴리네시아 민족의 땅이었으나 미국의 식민지가 되면서 1959년 미국의 50번째 주가 되었다. '하와이'라는 이름은 '고향'이라는 뜻의 폴리네시아어인 '사와이키(Sawaiki)'에서 유래했다고 한다. 하와이의 역사는 약 2천 년 전 폴리네시아인들이 하와이에 도착하면서 시작된다. 오랜 시간 국가를 이루지 못하고 각 섬의 추장들이 다스렸는데, 1782년경 카메하메하 왕(Kamehameha; 하와이 초대 국왕)이 등장하면서 10년간 각 섬을 복속시켜 1810년에 하와이 왕국을 건설하게 된다.

하와이 왕국은 태평양 한가운데 위치한 지리적 이점 덕분에 일찍부터 북미, 아시아 대륙 간에 활발한 무역업이 성행해 상당한 수준의 근대화를 이루었다. 1837년부터는 사탕수수를 재배하기 시작해 대규모 농장으로 성장시켰지만 이 거대한 농장을 운영하기에는 노동력이 부족했다. 이로 인해 1930년까지 한국인을 포함해 40만 명의 아시아인 노동자들이 하와이로 이주했다. 그러나 얼마 지나지 않아 하와이 왕국 땅의 80%가 사유화되었고, 결국 사탕수수 농장주들(미국 이민자들)이 하와이 왕국을 무너뜨리면서 1898년 미국령이 되었다. 1993년 빌 클린턴 대통령이 하와이의 미국 통치를 공식적으로 사과했지만, 하와이 원주민의 후세들(특히 지식인들)은 아직까지 미국의 강제합병에 강력히 반발하고 있다.

하와이는 미국에 복속된 이후 진주만에 거대한 해군기지가 건설되면서 군사전략 요충지로도 중요한 역할을 했다. 제2차 세계대전 당시에는 일본이 아시아-태평양

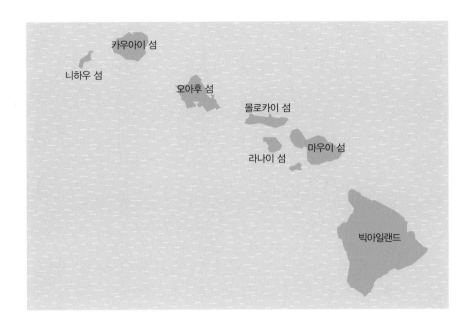

전략의 중심부인 하와이를 표적으로 진주만과 오아후 섬의 비행장을 공격했다. 이로 인해 중립을 지키던 미국이 전쟁에 참여해 승리한다. 1949년에 만들어진 호놀룰루의 국립묘지에는 당시 희생된 수천 명의 미군들이 안장되어 있다.

현재 하와이 수입원의 90% 이상이 서비스업이며, 원주민들의 훌라춤은 관광객들에게 큰 인기를 끌고 있다. 하와이는 미국에서 아시아 혼혈 인구가 가장 많은 주로, 1993~2010년까지 하와이 대법원장을 지낸 한인 3세인 로널드 문과 유명 골프선수인 미셸 위가 대표적이다. 또한 44대 미국 대통령인 버락 오바마가 대표적인 하와이 출신 인물이다.

Tip 폴리네시아(polynesia)

폴리네시아는 '많다'라는 뜻을 가진 '폴리(poly)'와 '섬'이라는 뜻을 가진 '네시아(nesia)'가 합쳐진 말로, 북쪽의 하와이 제도, 남동쪽의 이스터 섬. 남서쪽의 남 뉴질랜드 섬을 잇는 모든 섬들을 가리킨다. 대표적으로 사모아, 통가, 타히티, 마르케사스 등의 제도들이 포함된다.

- **인구**: 총 인구는 약 140만 명으로, 아시아계 41.6%, 백인 24.3%, 하와이 원주민 18% 등으로 구성되어 있다.

- **언어**: 공용어(표준어)는 영어이며, 일부는 하와이어를 함께 사용한다.

- **기후**: 아열대기후이며 건기(5~10월)에는 평균온도 29.4도, 우기(11~4월)에는 평균온도 25.6도로 1년 내내 기온 변화가 크지 않은 여름 날씨다. 우기라고 해도 하루 종일 비가 내리는 것이 아니기 때문에 여행이나 생활하기 좋다. 다만 7~11월 사이에는 열대성 폭풍과 허리케인이 찾아오기도 한다. 습기가 적고, 고도와 날씨에 따라 일교차가 크기 때문에 긴팔이나 카디건 정도를 준비하는 것이 좋다. 또한 햇볕이 강렬하기 때문에 모자, 선글라스, 선크림은 필수다.

- **시차**: 미국 본토와 달리 서머타임이 없으며, 우리나라보다 19시간이 늦다. 예를 들어 한국이 11월 26일 오전 11시라면 호놀룰루는 11월 25일 오후 4시다.

- **통화**: 화폐 단위는 US$(달러)와 ¢(센트)가 사용된다. 1 US$는 100¢다. 지폐는 $1, $5, $10, $20, $50, $100이 있고, 주화는 ¢1, ¢5, ¢10, ¢25가 있다.

- **환율**: 1US$=1,192원(2016년 5월 기준)

- **팁**: 레스토랑(식사비의 15~20%)이나 택시(요금의 10~15%), 호텔 벨보이(짐당 $1), 하우스키퍼($1), 발레파킹($2) 등 서비스를 이용할 때 팁을 주는 문화다. 요금의 10~20%를 주는 것이 일반적이다. 팁을 줄 때 주화를 주는 것은 실례이기 때문에 1달러 지폐를 준비하는 것이 좋다. 계산서에 서비스 요금이 추가되어 있다면 따로 팁을 줄 필요가 없으며, 신용카드로 음식 값과 같

Tip

하와이의 자세한 날씨 정보는 웨더포캐스트 홈페이지(ko.weather-forecasts.ru/forecast/us/honolulu) 또는 매트로캐스트 홈페이지(ko.meteocast.net/forecast/us/honolulu)를 참조하자.

이 계산하기를 원하면 명세서 팁 기입란에 15%에 해당하는 금액을 적고 총합 금액을 지불하면 된다.

- **전압**: 우리나라와 달리 110~120V를 사용하니 멀티 어댑터나 변환 어댑터(일명 돼지코)를 준비해야 한다. 하와이에서 전자제품을 구입할 때 꼭 전압을 확인하고 구매하자.

- **물**: 마트나 편의점에서 생수를 구입해 마시는 것이 좋다. 오아후 섬 곳곳에 스토어가 있기 때문에 쉽게 구입이 가능하다. 물론 길거리에 마련된 간이 식수대의 물을 마셔도 된다.

- **치안**: 강력한 법체계를 유지하는 안전한 곳 중 하나지만 날치기나 소매치기가 있을 수 있으므로 소지품 단속에 주의해야 한다. 종종 차 유리창을 부수고 소지품을 훔쳐가는 사건이 발생하기도 하니, 렌터카를 이용한다면 차에서 내릴 때 중요 물품을 소지하도록 하자.

- **국제 전화 이용**: 하와이에서 한국으로 전화를 걸 때는 '001+82+지역번호 또는 이동통신 번호(0 제외)+전화번호' 순으로 누르면 된다. 예를 들어 '001+82+2(서울 지역번호)+전화번호' 또는 '001+82+10(이동통신 번호)+전화번호'를 누른다. 한국으로 수신자부담전화를 걸 때는 아래 번호를 이용하자.

한국통신: 8000-820-820   데이콤: 8000-821-8821

- **긴급 연락처**

경찰·응급차·소방서: 911   주호놀룰루 한국총영사관: 808-595-6109

 하와이 카푸(Kapu) 제도

11세기 이후부터 1819년까지 터부되었던 인습적인 계급 제도를 말한다. 추장의 그림자를 밟거나 여성이 남성과 함께 식사하거나 여성이 섭취를 금지한 음식(바나나, 코코넛, 돼지고기 등)을 먹는 등의 규율을 어길 경우 사형에 처하는 엄격한 하와이 신성법이었다. 지금은 이 제도가 없어졌지만 아직까지도 카푸 제도를 그대로 믿고 따르는 일부 네거티브 하와이안들이 존재한다.

1. 여권 및 ESTA 발급받기

여권 발급받기

현재 발급되는 여권은 모두 전자여권이며, 여권용 사진 1매(6개월 이내에 촬영한 사진)와 신분증을 지참하고 발급 기관을 방문해서 직접 신청하면 된다. 국내 17개 대행 기관에서 간소화된 과정으로 여권을 발급받을 수 있으니 외교부 여권 안내 홈페이지(www.passport.go.kr)를 참조하자. 신청에서 수령까지 통상 1주일 정도 소요되니 출발 날짜를 고려해 미리 준비하는 것이 좋다. 여권을 가지고 있더라도 유효기간이 6개월 미만이라면 새 여권을 발급받도록 하자. 여권을 찾을 때 직접 방문할 필요 없이 우편 수령이 가능한 곳도 있으니 여권 발급시 해당 기관에 문의하면 된다.

여권 접수처: 전국에 236개의 여권 사무 대행 기관이 있다. 주민등록지와 상관없이 전국 어디에서나 접수 가능하다.

여권 신청시 필요 서류: 여권 발급신청서, 여권용 사진 1매, 신분증, 병역관계서류(미필자)가 필요하다. 미성년자는 여권 발급동의서, 동의자의 인감증명서, 가족관계 증명서가 필요하다.

여권 발급 수수료: 단수 여권(1년 이내)은 2만 원, 복수 여권(5년 초과 10년 이내)은 5만 3천 원이다.

 외국에서 여권을 분실했을 경우 대비 및 대처법

출국 전 대비: 여권에서 사진이 나와 있는 전면 부분을 3장 정도 복사하고, 여권용 사진도 2매 정도 준비한다. 복사본과 여권용 사진들은 한꺼번에 보관하지 말고 따로 보관한다.

분실시 대처법: 가까운 경찰서에서 분실증명확인서(police report)를 받는다. 현지 호놀룰루 총영사관에서 귀국용 여행증명서를 받아 여권 재발급 수속을 진행한다.

여권 재발급시 필요한 서류: ① 분실증명확인서 ② 여권 발급신청서 ③ 여권용 사진 2매 ④ 여권 분실확인서 ⑤ 본인임을 증명할 신분증(여권 복사본으로 대체) ⑥ 기타 수수료

ESTA 발급받기

2008년 미국과의 비자면제프로그램에 가입되면서 90일 이하의 여행 기간이라면 ESTA(Electronic System for Travel Authorization; 전자여행허가증)를 받아야 한다. 홈페이지(esta.cbp.dhs.gov/esta)에서 온라인 신청서를 작성한 후 승인을 받으면 ESTA가 완료된다. 웹사이트에서 한국어로 선택해 신청할 수 있으며, ESTA 수수료($14)는 신용카드로만 결제가 가능하다. 미국 비자가 있다면 ESTA를 받을 필요가 없다. ESTA 유효기간은 2년이며 남은 유효기간은 홈페이지에 접속해 '기존 신청서 확인'에서 확인할 수 있다.

2. 항공권 구입하기

여행 일정이 정해졌다면 2~3개월 전에 항공권을 구입하자. 하와이는 12~1월이 가장 성수기이며, 한국인들은 주로 신혼여행 기간인 3~5월과 9~11월에 가장 많이 찾아 이 시기에는 저렴한 항공권 구입이 어렵다. 또한 최고의 신혼여행지답게 주말 요금이 가장 비싸고, 상대적으로 평일(화~목) 요금이 저렴한 편이다.

일찍 예약할수록 항공권이 저렴하지만, 종종 출발일이 임박할 때 파격적인 덤핑 행사로 항공권을 저렴하게 판매하는 경우도 있다. 또한 항공사에서 직접 구입하는 것보다 여행사나 인터넷 예약사이트에서 구매하는 것이 저렴하므로 다양한 사이트를 비교하고 구입하자. 다만 환불이 불가능한 경우나 예약사항을 변경할 수 없는 제약이 있을 수 있다는 점을 주의해야 한다. 좌석 지정이 가능한 항공사는 사전에 홈페이지를 방문해 좌석 지정을 하는 것이 좋다. 하와이에서 이웃섬을 여행한다면 하와이안항공으로 저렴하게 이용할 수 있으니 홈페이지에 접속해보자.

항공권 예약 사이트

온라인투어: www.onlinetour.co.kr   와이페이모어: www.whypaymore.co.kr

인터파크투어: tour.interpark.com   진에어: www.jinair.com

하와이안항공: www.hawaiianairlines.co.kr   탑항공: www.toptravel.co.kr

토성항공: www.saturnair.com

* 하와이안항공, 탑항공, 토성항공은 오아후 이웃섬으로의 주내선 문의가 가능하다.

3. 여행자보험

여행자보험은 선택이 아닌 필수다. 언제라도 발생할 수 있는 사고(스노클링, 스쿠버다이빙 등 액티비티 투어시)나 질병, 분실, 도난 등에 대해 보상받을 수 있기 때문에 꼭 가입해야 한다. 특히 요즘 여행자들은 여행시 노트북, 카메라 등 고가의 전자제품을 가지고 가는 경우가 많으므로 가입하는 것이 좋다.

여행자보험에 가입되어 있다면 물건을 잃어버렸을 때 현지 경찰서에서 조서(police report)를 작성한 후 한국으로 돌아와서 보험금을 청구하면 된다. 또 현지에서 사고나 질병으로 병원을 이용한 경우에도 만만치 않은 병원비에 대한 혜택을 받을 수 있다. 그러니 여행 기간이 짧더라도 여행자보험은 꼭 가입하도록 하자.

> **Tip1**
> 공인인증서만 있으면 KB손해보험(www.kbinsure.co.kr)이나 삼성화재(www.anycardirect.com) 등에서 쉽게 여행자보험에 가입할 수 있으며, 스마트폰으로도 가입이 가능하다. 출발 전까지 여행자보험에 가입하는 일을 잊었다면 출발 2시간 전에 공항에서 인터넷이나 공항 내 여행자보험 데스크에서 가입할 수 있다.
> 여행사 또는 환전 금액에 따라 은행에서 제공하는 무료 여행자보험의 경우 보험금 지급에 예외조항이 있을 수 있으므로 보장 내역은 항상 꼼꼼하게 확인하자.
>
> **Tip2** 현지에서 사고 발생시 보상을 위한 필요 서류
> 상해 및 질병시: 의사 소견서, 진단서, 치료 명세서, 치료 영수증, 처방전과 영수증
> 도난 발생시: 조서, 분실 품목 구입 영수증

4. 숙소 예약하기

하와이의 숙소는 다른 여행지에 비해 비싼 편이다. 호텔, 콘도, 게스트하우스, 민박 등 조건이나 위치에 따라 숙소 가격이 천차만별이며, 일반적으로 신혼여행일 때는 호텔을, 가족여행자들은 콘도, 민박, 게스트하우스를 선호한다. 여행사별로 항공과 숙박을 묶어서 패키지로 판매하는 곳도 많으니 여행사에 견적을 문의해보자.

하와이 호텔은 예약 후 선결제를 했어도 도착해서 리조트피(resort fee; 호텔 시설 이용료), 주차료, 발레파킹비가 별도로 부과되는 경우가 있으니 호텔 예약시 반드시

확인하도록 하자. 인터넷 검색창에 '하와이 호텔' '하와이 유스호스텔' '하와이 민박' 등 원하는 숙소 형태를 검색하면 그와 관련된 정보들을 쉽게 찾을 수 있다. 추천 숙소 정보는 30쪽 팁에 수록했으니 참고하자.

호텔 예약 사이트

아고다: www.agoda.com/ko-kr   부킹닷컴: www.booking.com

호텔패스: www.hotelpass.com   익스피디아: www.expedia.co.kr

호텔스닷컴: kr.hotels.com

 Tip

호텔 객실은 전망에 따라 가격 차이가 난다.

시티뷰(city view), 가든뷰(garden view): 객실 창문을 통해서 정원이나 리조트 내부만 보인다.

파셜오션뷰(partial ocean view): 객실 창문을 통해 바다의 일부만 보인다.

오션뷰(ocean view): 바다 전망이 확보된 뷰를 의미하지만 바다 이외에 다른 것도 보인다.

오션프론트(ocean front): 객실 창문을 통해서 제대로 된 바다를 볼 수 있고 바다를 정면으로 향하고 있다.

가족 여행자들을 위한 숙박 사이트

버케이션 렌탈: www.vacationrentals.com   홈어웨이: www.homeaway.co.kr

에어비앤비: www.airbnb.co.kr

* 에어비앤비는 개인이 집을 여행자들에게 렌트해주거나 거주자의 장기여행으로 집이 비면 렌트해주는 사이트다.

역경매식 예약 사이트

비딩(bidding)을 통해 호텔을 저렴하게 예약하거나 호텔 정보를 일부만 노출시키고 15~20% 정도 저렴한 가격에 예약하는 사이트로, 직접 금액을 입력해서 낙찰 받는 시스템이다. 단, 낙찰받으면 무조건 결제해야 하며 취소나 환불이 불가능하다.

프라이스 라인: www.priceline.com   핫와이어: www.hotwire.com

엘엠티클럽: lmtclub.com

5. 예산 계획 및 여행 짐 꾸리기

여행 경비 중 항공권을 제외하고 숙박요금이 가장 큰 비중을 차지하며, 여기에 현지에서 사용할 교통비, 식사비, 투어, 렌터카, 쇼핑 등이 추가로 필요하다. 왕복 항공료는 1인 기준 최소 60만 원에서 최대 150만 원이며, 렌터카는 1일 기준으로 $50~$100 정도다. 숙박요금은 숙소에 따라 $40~$400 이상이며, 식사비는 무얼 먹느냐에 따라 $7~$50까지 천차만별이다. 또 스노클링 투어는 $30~$80, 서핑 레슨은 $40~$150 정도며, 여행사에서 운영하는 이웃섬 일일 투어는 최소 $350에서 최대 $400다(비행기+차량+식사 포함). 이웃섬 자유여행시에는 항공료와 렌트비, 체류비 등을 감안해야 한다.

앞에 예시된 금액에서 예비비를 추가하면 대략적인 예산을 가늠할 수 있으니 자신이 추구하는 소비성향에 따라 꼼꼼하게 예산을 짜면 된다. 이 책에서 제시한 5박 7일 일정 예산은 28쪽 팁에 자세하게 수록해두었으니 참조하자.

여행 짐을 꾸릴 때 꼭 챙겨야 하는 품목으로는 여권, 항공권(e-ticket 출력물), 국제운전면허증 및 국내운전면허증, 렌터카 예약증(렌터카 예약시), 호텔 예약증 및 호텔 주소, 여행자보험증, 본인 명의의 신용카드, 우산, 멀티 어댑터, 크로스가방(귀중품 보관용), 필기구 및 수첩, 간단한 상비약(두통, 지사제, 소화제) 및 카메라, 그 외 여행자들의 성향에 맞게 준비하면 된다.

짐을 쌀 때 수하물로 보내는 짐은 잘 정리해야 하고, 전자제품은 수하물로 보내지 말고 기내에 들고 타는 것이 좋다. 위탁 수하물은 1인당 2개, 23kg까지 가능하다. 수하물 개수가 초과되면 $200, 무게(23~32kg 이하)가 초과되면 $100의 추가 비용이 든다. 짐을 꾸릴 때 종종 필요한 준비물을 빠뜨리는 경우가 있을 것이다. 이를 대비해 29쪽에 꼭 챙겨야 할 준비물 체크리스트를 수록했으니 활용해보자.

> **Tip**
> 100ml 이하의 액체류, 젤류, 스프레이류는 개별 용기에 담아 1인당 1L 투명 비닐 지퍼팩 1개에 한해 반입이 가능하며, 보안 검색을 받기 전에 다른 짐과 분리해 검색요원에게 제시해야 한다. 100ml가 넘는 액체류 등의 기내 반입 금지 물품은 수하물로 부쳐야 한다.

6. 환전 및 신용카드 사용하기

대부분의 시중은행에서 달러를 보유하고 있기 때문에 가까운 은행에서 환전하면 된다. 공항에서 환전하면 편하지만 환율에 따라 손해를 볼 수도 있다. 환전 우대쿠폰을 활용해 가까운 은행에서 환전하거나 주거래 은행이 있다면 우대가 얼마까지 가능한지 확인한 후 환전하는 것도 방법이다. 환전 우대쿠폰은 주거래 은행 사이트의 외환 업무 센터에서 받을 수 있다.

은행보다 더 좋은 환전 우대를 받을 수 있는 사설환전소(2015년부터 합법)를 이용해도 된다. 환전하기 전 마이뱅크 사이트(www.mibank.me)에서 은행별 또는 사설환전소 환율을 비교하면 도움이 된다.

또한 은행에 갈 필요 없이 인터넷 뱅킹으로 간편하고 경제적으로 인터넷 환전서비스를 이용할 수도 있다. 인터넷 환전 서비스의 장점은 은행보다 더 좋은 우대를 받을 수 있다는 점과 영업시간 이외나 휴일에도 환전이 가능하다는 점이다. 하와이 팁 문화에 대비해 $1 지폐를 충분히 환전하자.

하와이는 소액도 신용카드 결제가 가능한 여행지이므로 꼼꼼하게 예산을 짠 후 현금과 신용카드 사용을 병행하는 것도 좋다. 현금을 선호하는 사람이라도 신용카드는 렌터카나 호텔 체크인시 보증금(deposit) 역할을 하고, 또 이웃섬의 경우 일부 주립공원은 신용카드 결제만 가능하니 신용카드 하나쯤은 준비하는 것이 좋다. 신용카드를 준비할 때는 반드시 해외에서 사용이 가능한지, 뒷면에 서명이 되어 있는지 확인해야 한다.

> **Tip**
>
> 서울역의 IBK기업은행과 우리은행 환전소가 환전의 메카로 유명하다. 환전 우대쿠폰이 없어도 항시 90%로 환전우대를 받을 수 있다. IBK기업은행은 개인당 100만 원까지, 우리은행은 개인당 500만 원까지 환전이 가능하다. 환전 우대로 입소문이 나서 항시 대기시간이 있다.
> **IBK기업은행:** 7:00~22:00(연중무휴) **우리은행:** 6:00~22:00(연중무휴), 서울역 지하 2층

Tip 해외에서 신용카드를 분실했을 경우 대비 및 대처법

출국 전 대비: 먼저 해외에서 사용할 카드 뒷면에 분실 신고 센터나 해외 이용문의 전화번호를 따로 기재한다. 결제시 알려주는 SMS 서비스에 가입하면 '부정 사용 방지 모니터링 시스템'으로 연락이 오기 때문에 휴대폰 로밍 서비스를 반드시 신청한다. 해외에서 사용할 한도를 조정해도 된다.

분실시 대처법: 분실 후 전화번호가 없다면 유선, 홈페이지나 스마트폰 앱 등을 통해 카드사 분실신고 센터에 반드시 신고한다. 추후 보상을 위해 여행지 경찰서에서 신고 후 접수증을 발급받는다. 카드 사용이 필요하면 카드사 긴급서비스센터에서 임시카드를 발급받은 뒤 귀국 후 반납하고 다시 카드를 발급받으면 된다.

7. 렌터카 이용자를 위한 국제운전면허증 발급받기

하와이 여행시 국제운전면허증은 필수 사항이 아니지만, 사고나 법규 위반시 국내 운전면허증으로는 경찰들의 이해를 도울 수 없기 때문에 준비하는 것이 좋다.

발급 장소: 각 지역 운전면허 시험장이나 경찰서　　구비서류: 신분증, 여권용 사진 1매, 수수료

발급 처리시간: 10~20분 정도　　　　　　　　　　유효기간: 발급일로부터 1년

8. 데이터 로밍

데이터 로밍이란 해외에서도 국내에서처럼 인터넷, 메일, 지도 검색 등을 이용하는 서비스다. 하와이 내 대부분 숙소에서는 유무선 인터넷을 사용할 수 있지만 우리나라처럼 어느 곳에서나 무료 와이파이를 이용하기란 쉽지 않다. 무료 와이파이를 제공하지 않는 곳도 있으며, 렌터카 이용시 내비게이션 역할을 하는 구글 맵스 이용을 대비해 무제한 데이터 로밍을 이용하는 것이 좋다. 데이터 통신을 해외에서 이용할 때는 국내와 다른 데이터 요금을 적용받기 때문에 국내에서 이용할 때보다 많은 요금이 청구된다(구글 지도 검색 1회에 약 2,100원, 카카오톡 사진 전송 1회에 약 890원).

해외에서 무제한으로 데이터 사용을 원할 경우

본인이 가입한 이동통신사에서 '데이터 로밍 서비스'를 신청하면 된다. 24시간 단위로 약 1만 원 정도만 내면 무제한으로 데이터를 이용할 수 있다.

해외에서 데이터를 전혀 사용하지 않을 경우

원하지 않는 데이터 요금 부과를 피하기 위해서는 스마트폰의 '환경설정' 메뉴에서 '데이터 네트워크'를 차단(비활성화)해야 한다. 다만 이용자의 재설정에 따라 데이터 네트워크가 활성화될 수 있으므로 완전히 차단하기 위해서는 본인이 가입한 이동 통신사에 직접 '데이터 로밍 차단서비스(무료)'를 신청하는 것이 더욱 안전하다.

Tip1 포켓 와이파이

포켓 와이파이는 단말기 크기가 작아 휴대가 간편하며, 한 대의 단말기에 노트북, 태블릿, 스마트폰 등 다수의 기기로 2명 이상이 동시에 접속할 수 있다. 최대 장점은 통신사에 비해 요금이 저렴하며 4G LTE 속도로 빠르고, 이동하면서 언제 어디서나 인터넷에 접속할 수 있다는 점이다. 단말기(에그) 대여 업체 사이트에서 여행 날짜, 여행 국가, 여행 기간, 수령 및 반납 장소 등 필요사항을 기입한 후 신청하면 여행 출발 2~3일 전에 해피콜이 온다.

Tip2 맵스위드미 앱으로 로밍이나 와이파이 없이 무료 길 찾기

출발 전 맵스위드미(maps.me) 애플리케이션을 설치한 뒤 하와이 지도를 내려받는다. 그리고 여행지 내 와이파이가 되는 곳에서 맵스위드미로 목적지(명칭 또는 주소)를 검색한 후 즐겨찾기를 한다. 이때 본인의 숙소도 즐겨찾기하자. 맵스위드미를 실행하면 인터넷이 안 되더라도 인공위성 GPS를 통해 현 위치를 안내해 준다. 즐겨찾기에서 목적지를 찾아 '경로'를 터치하며 목적지로 이동하면 된다.

9. 하와이 여행 정보 관련 사이트

여행을 떠나기 전에 하와이에 관한 정보를 모아놓은 사이트를 방문하면 더 많은 정보를 얻을 수 있으며, 더욱 익숙하고 친숙하게 하와이 여행을 할 수 있을 것이다.

외교부 해외안전여행 홈페이지: www.0404.go.kr

하와이 관광청: www.gohawaii.com/kr

마이 하와이: www.myhawaii.kr

미국-하와이주 대표카페 '하와이 사랑': cafe.daum.net/hawaiilove

하와이 전문 블로그 '마할로와 하와이 속으로': blog.naver.com/sseoble

Tip1 이 책에서 제시한 5박 7일 일정 예산 알아보기(입장료는 2016년 3월 1인 기준)

1일차

호텔 이동(택시 $40~) → 와이키키 비치 → 칼라카우아 거리 → 루루스 와이키키(로코모코 $17) → 이야스메 무스비(무스비 $1.75) → 하우스 위드아웃 어 키(칵테일 $20) → 야드 하우스(맥주 $12~) → 기타 경비(음료 등 $50)

: 1일차 총 경비 $140.75~

2일차

알로하 타워 → 차이나타운 → 이올라니 궁전(오디오 투어 $14.75) → 주정부청사 → 타이 판 딤섬(딤섬 1판 $3.5) → 카페 줄리아(갈릭아이 $30) → 마루카메 우동($5~) → 알라모아나 비치 파크 → 대중교통(더 버스 $20~) → 기타 경비(음료 등 $50~)

: 2일차 총 경비 $123.25~

3일차

돌 파인애플 농장 → 할레이바 타운 → 카후쿠 → 폴리네시안 문화센터(입장료 $69~) → 레오나즈 베이커리(말라사다 도넛 오리지널 6개 $6~) → 레이즈 키아웨 브로일드 치킨(반 마리 $6~) → 페이머스 카후쿠 새우트럭($12~) → 엉클 보보스(갈비만 $15~) → 모콜리이 섬 → 소형 렌터카(렌트비 + 주유비 $80~) → 기타 경비($50~)

: 3일차 총 경비 $241~

4일차

다이아몬드 헤드(주차료 $5~) → 하나우마 베이(장비 렌트비 포함 $30~) → 카일루아 비치 파크 → 누우아누 팔리 전망대(주차료 $3~) → 레인보우 드라이브 인(플레이트식사 $9~) → 시나몬 레스토랑(레드 벨벳 팬케이크 $10~) → 오노 하와이안 푸드(세트메뉴 $25~) → 해피데이스(완동 $10~) → 탄탈루스 언덕 → 소형 렌터카(렌트비 + 주유비 $80~) → 기타 경비(음료 등 $50~)

: 4일차 총 경비 $224~

5일차

진주만(오디오 투어 + 미주리 + 부핀 입장료 $42.5~) → 알라모아나 쇼핑센터 → 와이켈레 프리미엄 아울렛 → 롱기스 레스토랑(애피타이저 포함 $50~) → 마리포사(애피타이저 포함 $50~) → 키아모쿠 거리 → 대중교통(더 버스+셔틀 $20~) → 기타 경비(음료 등 $50~)

: 5일차 총 경비 $212.5~ → 5박 7일 총 경비 $941.5~ + 숙박비 + 항공료 + 기타 경비

빅아일랜드 1박 2일

바식 아사이(식사 $10~) → 사우스 포인트 → 푸날루우 블랙샌드 비치 → 하와이 화산 국립공원(주차료 $5~) → 힐로 다운타운(무료) → 카페 100(로코모코 $5~) → 켄즈하우스($10~) → 하와이 열대 식물원($15~) → 아카카 폭포 주립공원(주차료 $5~) → 마우나케아 → 왕복 항공료($200~) → 1박 2일 차량 렌트(SUV 4륜 $160~) → 주유비($30~)

: 1박 2일 총 경비 $440~ + 숙박비 + 기타 경비

마우이 1일 관광

할레아칼라 국립공원(주차료 $15~) → 쿨라 롯지(식사 $40~) → 이아오 밸리 주립공원(주차료 $5~) → 라하이나 마을 → 항공료(왕복 $200~) → 1일 차량 렌트(SUV 4륜 $80~) → 주유비($30~)

: 1일 총 경비 $370~ + 저녁식사 + 기타 경비

 Tip2

예산을 세울 때 숙박비, 교통비, 호텔 리조트피를 비롯해 각자의 성향에 따라 쇼핑비, 간식비 등 추가 비용을 감안해야 한다.

Tip3 하와이 호텔 리조트피

인터넷 사용료, 주차료, 음료(생수 포함), 전화(국제전화 및 시내전화), 각종 부대시설 요금, 플레이스테이션(영화, 게임) 등에 관해 호텔에서 의무적으로 받는 금액이다. 1일 기준 $10~$30로 호텔마다 금액이 다양하다. 아울러 대부분의 하와이 호텔과 리조트는 조식이 포함되지 않는다. 예약시 조식 포함 여부를 꼼꼼하게 확인하자.

Tip4 이것만은 꼭 챙기자! 하와이 여행 준비물 체크리스트

☐ 여권(분실 대비 여권 복사본과 여권용 사진 2장)

☐ 항공권(e-ticket 출력물)

☐ 국제운전면허증 및 국내운전면허증

☐ 렌터카 예약증(렌터카 예약시)

☐ 호텔 예약증 및 호텔 주소

☐ 여행자보험증

☐ 본인 명의의 신용카드

☐ 옷(냉방시설을 대비한 카디건이나 잠바, 이웃섬 관광시 고산지 대비 두꺼운 옷 포함)

☐ 멀티 플러그 및 멀티 어댑터(분실 대비 2개 정도)

☐ 크로스가방(귀중품 보관용)

☐ 필기구 및 수첩

☐ 간단한 상비약(두통, 지사제, 소화제) 및 모기약

☐ 카메라

☐ 우산, 선글라스, 선크림

☐ 물놀이 준비물(비치타올, 수영복, 비닐방수팩, 샌들)

☐ 기타 여행자들의 취향에 맞는 품목
(기내에서 신을 편한 슬리퍼, 고급레스토랑 방문시 남자는 셔츠+바지, 여자는 드레스 등)

오아후 섬 숙소 소개

① 최고급 호텔 및 리조트(4~5성급)

하와이 카할라 호텔(Kahala Hotel & Resort): 스타들의 결혼과 방문으로 유명해진 50년 전통의 고급 호텔
홈페이지: kr.kahalaresort.com
힐튼 하와이안 빌리지(Hilton Hawaiian Village): 와이키키의 대표적인 리조트
홈페이지: www.hiltonhawaiianvillage.com
쉐라톤 와이키키(Sheraton Waikiki): 한국 여행자들이 가장 많이 찾는 호텔
홈페이지: www.sheraton-waikiki.com
하얏트 리젠시(Hyatt Regency): 호놀룰루 시내를 조망할 수 있는 40층의 고층 호텔
홈페이지: www.waikiki.hyatt.com
로얄 하와이안 호텔(The Royal Hawaiian Hotel): 1927년 세워진 와이키키 전통호텔
홈페이지: kr.royal-hawaiian.com

② 알찬 가격의 쾌적한 호텔(2~3성급)

와이키키 리조트 호텔(Waikiki Resort Hotel): 대한항공이 운영하는 호텔로, 한국 여행자들이 많이 찾음
홈페이지: www.waikikiresort.com
퍼시픽 비치 호텔(Pacific Beach Hotel): 호놀룰루 동물원 근처로 동선이 편하며 850여 개의 객실을 보유
홈페이지: www.pacificbeachhotel.com
애스턴 와이키키 비치 호텔(Aston Waikiki Beach Hotel): 저렴하고 시설이 좋아 한국인들이 많이 애용
홈페이지: www.astonwaikikibeach.com
아쿠아 와이키키 펄(Aqua Waikiki Pearl): 와이키키 해변에서 도보 10분으로 새롭게 단장한 저렴한 호텔
홈페이지: www.aquawaikikipearl.com

③ 호스텔

폴리네시안 호스텔: www.hostelhawaii.com   호스텔링 인터내셔널: www.hostelsaloha.com
비치사이드 호스텔: waikikibeachsidehostel.com(와이키키까지 도보 2분)

④ 카우치 서핑: 전 세계 배낭 여행자들을 위한 저렴한 숙소 해결 방법

홈페이지: www.couchsurfing.com

 하와이 호텔 얼리 체크인(Early Check-in)

하와이 호텔 체크인은 보통 오후 2~3시 사이다. 만약 여행자들이 이보다 빨리 도착했더라도 객실에 여유가 있
다면 체크인할 수 있다. 만약 못하더라도 짐은 맡길 수 있으니 일찍 도착하더라도 걱정하지 않아도 된다.

하와이
떠나볼까?

1. 출국절차(인천국제공항 출발)

출국하기

대중교통을 이용해 인천국제공항에 가는 경우 공항 리무진 버스나 공항철도를 이용한다. 공항 리무진 버스는 'KAL 리무진'을 비롯해 서울시, 수도권, 지방에서 총 18개의 리무진 버스 노선이 운행되고 있다. 서울 및 경기권을 기준으로 약 60~90분이 소요된다. 리무진 버스는 인천국제공항까지 바로 연결되는 장점이 있지만, 교통체증으로 도착시간이 늦춰질 수 있으니 지방에서 가는 경우라면 운행 편수나 운행시간을 홈페이지에서 반드시 확인하자.

공항 철도는 지하철과 연계 가능하며, 서울역에서 출발하는 열차를 이용할 경우 인천국제공항까지 약 50분이면 도착한다. 특히 2014년 7월 1일부터 KTX인천국제공항역이 개통되어 지방여행객의 경우 KTX 경부선이나 호남선을 이용해 KTX인천국제공항역까지 바로 갈 수 있다.

공항 리무진 버스 홈페이지: www.airportlimousine.co.kr

코레일 공항철도 홈페이지: www.arex.or.kr

Tip

국토교통부는 출국장 또는 출발장 내의 혼잡이 예상되므로 원활한 국제선 탑승을 위해 항공편 출발 2시간 30분 전까지 각 공항 항공사 수속 카운터로 도착할 것을 권장한다.

출국절차

공항에 도착하면 탑승 수속, 세관 신고, 보안 검색, 출국 심사를 거친 후 비행기에 탑승한다.

탑승 수속: 인천국제공항 3층 출국장으로 가서 본인이 이용할 항공사의 체크인 카운터(A~M)를 찾아 탑승 수속을 받는다. 해당 항공사 카운터에 여권과 항공권을 제출하고 비행기 좌석을 선택한 후 위탁 수하물(여행가방 등)을 부치고 출국장으로 이동하면 된다. 이때 기내 반입 금지 품목이 없는지 한 번 더 확인한다.

병역 신고: 병역 의무를 마치지 않은 사람은 국외여행 허가를 받아야 하는데, 병무청 홈페이지(www.mma.go.kr)에서 쉽게 신청할 수 있다.

세관 신고: 1만 달러 이상의 외환 소지자나 고가의 귀중품을 소지하고 출국할 경우 출국 수속 전에 휴대물품 반출 신고서를 작성해야 한다.

보안 검색: 기내 반입 물품을 점검받기 위해 휴대물품을 엑스레이 벨트 위로 통과시킨다. 가방 속 노트북이나 태블릿 PC, 주머니 속 동전이나 휴대전화 등은 바구니에 별도로 담는다.

출국 심사: 출국 심사대에서 여권과 탑승권을 보여주고 여권에 출국 도장을 받은 후 통과하면 출국 절차는 모두 끝난다. 자동출입국심사를 신청한 사람이라면 자동출입국 심사대에서 여권만으로 출국 심사를 할 수 있다.

비행기 탑승: 탑승권에 적힌 게이트로 출발 40분 전까지 이동한다. 탑승권 게이트가 101~132번이면 셔틀 트레인을 이용해 탑승동으로 이동한다.

 자동출입국심사(KISS, Korea Immigration Smart Service)

출입국 심사 대기시간 없이 기계에 여권을 직접 스캔하고 지문만 찍으면 출입국을 허가해주는 시스템이다. 등록센터(인천국제공항, 김포국제공항, 김해국제공항, 제주국제공항, 대구공항, 청주·광주·대전 출입국 관리사무소 등)에 방문해 여권을 제시하고 개인정보를 직접 확인한 후 지문을 등록하고 얼굴 정면 사진을 촬영하면 자동출입국심사 신청이 완료된다. 등록 직후부터 자동출입국심사대를 이용할 수 있으며, 한 번 등록하면 여권 만료기한까지 이용이 가능하다. 다만 여권에 출국심사도장은 생략된다.

2. 입국절차(호놀룰루국제공항 도착)

입국하기

 인천국제공항에서 호놀룰루국제공항까지는 직항일 경우 약 8시간이 소요된다. 1910년에 개항한 호놀룰루국제공항은 하와이 오아후 섬에 있는 도시 호놀룰루에 위치해 있으며, 호놀룰루 시내에서 남서쪽으로 8km 떨어져 있다. 대부분의 여행자들은 비행기에서 내려 공항 순환버스인 위키위키(wikiwiki) 버스를 타고 메인 터미널로 이동해서 입국 심사 및 세관 검사를 받는다.

입국절차

세관 신고서 작성: 기내에서 승무원이 나눠주는 세관 신고서를 꼼꼼하게 작성한다. 미국 방문시 작성하던 출입국카드는 무비자협정 체결 후 폐지되어 입국 신고시 여권, 항공권, 세관 신고서만 있으면 된다.

입국 심사: 비행기에서 내리면 위키위키 버스를 타고 메인 터미널로 이동한다. 입국 심사(immigration) 표지판을 따라 이동한다. 'VISITOR'라고 적힌 입국 심사대로 이동해 직원이 있는 창구 앞 정지선에서 대기한 후 안내에 따라 이동한다. 여권을 제시한 뒤 지문 날인 및 사진 촬영을 하면 직원이 입국 도장을 찍어준다.

수하물 찾기: 입국 심사가 끝나고 나오면 모니터에서 본인이 이용한 비행기 편명의 수하물 수취 번호를 확인한 후 해당 창구로 가서 본인 짐을 찾는다.

세관 검사: 고가의 반입품이 없다면 미리 작성한 세관 신고서를 제출하고 출구로 나가면 된다.

> **Tip**
> 2012년부터 한국과 미국은 자동출입국심사 제도를 시행하고 있다. 일대일 영어 인터뷰 없이 무인 심사대를 통해 입국 심사를 할 수 있는 시스템이다. 자동출입국심사를 원하는 여행자는 한미 자동출입국심사 서비스에 가입해야 하며, 최소 3주에서 최대 3개월의 시간이 소요된다. 자세한 사항은 홈페이지(www.ses.go.kr)를 참조하기 바란다.

3. 호놀룰루국제공항에서 시내로 이동하기

호놀룰루국제공항은 전 세계 어느 곳에서나 접근이 가능한 태평양 중앙에 위치해 있다. 그래서 화물운송사업을 중점적으로 추진하며 허브공항 역할을 한다. 미국에서 가장 긴 활주로(3.7km)를 보유하고 있으며, 우주선 대체 착륙 기능도 수행하고 있다. 매년 20만 명이 넘는 방문자가 호놀룰루국제공항을 찾는다. 호놀룰루국제공항에서 시내로 이동할 수 있는 교통편으로는 택시, 에어포트 셔틀버스, 렌터카, 더 버스 등이 있다.

호놀룰루국제공항 홈페이지: hawaii.gov/hnl

택시 이용하기

호놀룰루국제공항에서 시내로 이동하는 가장 빠르고 편한 방법이다. 특히 3명 이상이라면 셔틀버스보다 더 저렴하게 이용할 수 있다. 공항에서 와이키키 시내까지 차가 막히지 않을 경우 20~30분 정도 소요되며, 요금은 $35 이상이다. 팁으로는 운임요금의 15%와 짐 한 개당 $1를 주는 것이 좋다. 예를 들어 짐을 2개 들고 탈 택시 요금이 $35라면 팁은 요금의 15%인 $5.25, 짐이 2개니 $2를 더해 $42.52를 지불하면 된다. 다만 와이키키 부근은 주중에 교통 체증이 심하기 때문에 얼마만큼의 금액이 추가될지는 정확하지 않다.

| 택시 타러 가는 방법 |

① 공항 도착 출구 오른쪽으로 나간다.

② 벽면 택시 표지판을 따라 이동한다.

③ 14번 기둥에서 왼쪽으로 이동한다.

④ 노란건물 앞 Taxi Dispatcher에게 목적지를 이야기한다. 택시 직원이기 때문에 바가지요금은 걱정하지 말자.

⑤ 택시에 탑승하고 이동한다.

스피디 셔틀(speedi shuttle) 이용하기

호놀룰루국제공항 지정셔틀이며 오아후 전역 어디든지 이동할 수 있다. 예약 없이 이용 가능하고, 왕복으로 이용할 경우 10% 할인된다. 요금은 목적지가 와이키키일 때 1인 기준 편도 $15.48~, 왕복 $29.09~이며, 현금 또는 카드 모두 결제 가능하다. 목적지에 도착하면 짐 한 개당 $1를 팁으로 주는 것이 좋다.

스피디 셔틀 홈페이지: www.speedishuttle.com

| 스피디 셔틀 타러 가는 방법 |

① 공항 오른쪽 출구로 나간다.

② 10번 기둥 쪽으로 이동한다.

③ 직원에게 목적지를 알려주고 금액을 지불한다. 왕복은 귀국 날짜와 픽업 시간을 알려준다. 금액은 거리에 따라 다르다.

픽업 셔틀(pick-up shuttle) 이용하기

홈페이지를 통해 예약을 하면 공항으로 픽업을 나온다. 많은 관광객이 이용하는 방법 중 하나로 스피디 셔틀보다 저렴한 가격이 장점이며 왕복으로도 예약이 가능하다.

로버츠 하와이(www.robertshawaii.com): 와이키키 지역으로만 서비스가 제공된다.

가자 하와이(gajahawaii.com): 한국여행사로 체크인 시간 이전까지 짧은 시내관광과 쇼핑을 원한다면 다운타운 투어나 월마트 쇼핑 등이 포함된 픽업 및 샌딩 서비스를 문의할 수 있다.

조인 하와이(www.joinhawaii.com): 하와이에 본사를 둔 한국여행사로 픽업 및 샌딩 이외에 패키지나 렌터카 등을 문의할 수 있다.

렌터카 이용하기

공항에서 렌터카를 직접 픽업하는 것이 아니라 공항에서 렌터카업체의 셔틀버스를 타고 공항 근처 렌터카 사무소로 이동한 후 이용하는 방법이다. 하와이 도착한 직후부터 귀국까지 렌터카를 이용할 여행자들은 이용해볼 만하지만 일정에 따라 부분적으로 렌터카를 이용할 여행자들에게는 실용적인 방법이 아니다.

| 렌터카업체 버스 타러 가는 방법 |

① 공항 오른쪽 출구로 나가 렌터카 표지판을 따라 이동한다.

② 왼편에 정차된 셔틀버스를 타거나 14번 기둥까지 걸어가 업체로 이동한다. 공항 출구에서 200여m 떨어져 있다.

③ 걸어갈 경우 횡단보도를 건너면 렌터카업체가 보인다.

Tip

렌터카 픽업시 연료에 대해 "Prepaid Gas or Full to Full" 할지를 질문한다. "Full to Full"로 대답하고 기름을 꽉 채워서 반납하는 경우가 대부분이다. 반납시에 기름을 넣어 반납하는 것이 불편할 경우 Fuel option을 선택하면 되지만 기름 값이 비싸게 책정된다는 사실을 알아두자.

더 버스(The Bus) 이용하기

가격은 저렴하지만 정류장마다 정차하므로 와이키키까지 많은 시간이 소요된다. 또한 탑승 후 짐은 좌석 아래에 보관해야 하므로 큰 짐을 가진 여행자는 승차 거부를 당할 수도 있다. 시간적 여유가 많거나 짐이 작은 캐리어 정도인 여행자라면 이용해볼 만하다. 요금은 1인 기준 성인 $2.5~, 만 6~17세는 $1.25~, 만 5세 이하는 무료로 이용할 수 있으며, 종점까지 이동해도 요금은 동일하게 적용된다. 다만 버스에는 잔돈이 준비되어 있지 않아서 요금에 맞게 미리 준비하는 것이 좋으며 요금은 한 명씩 지불해야 한다.

| 더 버스 타러 가는 방법 |

 >  >  >

① 공항 출구 중 왼쪽 출구로 이동한다.

② 오른쪽으로 교통수단 표지판으로 이동한다.

③ 에스컬레이터를 탄다.

 >  >

④ 15번 기둥까지 직진한다.

⑤ 왼쪽 45도에 CITY BUS 정류장을 볼 수 있다.

⑥ 19, 20번 버스 중 '와이키키(waikiki)'라고 표시된 버스를 탑승한다.

하와이 교통정보

1. 더 버스(The Bus)

오아후 섬 전체를 연결하는 버스로 90개의 노선을 가지고 있으며 현지인들이 가장 많이 이용한다. 하와이가 초행인 여행자들이 이용하기에는 다소 어려움이 있을 수 있지만 가장 저렴하고 일반적인 교통수단이다.

요금은 거리에 상관없이 성인 $2.5~, 만 6~17세는 $1.25~, 만 5세 이하는 무료로 2시간 이내의 환승은 무료이며 2회까지 가능하다. 하차시 한국처럼 벨을 누르는 것이 아니라 버스 창가에 길게 늘어져 있는 은색 줄을 당기면 된다. 더 버스와 함께 노스쇼어 관광을 원할 경우 홈페이지(www.thebus.org)를 참조해 시간표를 미리 알아두면 시간을 절약할 수 있다.

> **Tip1**
> 하와이에는 비지터 패스(visitor pass)라는 버스 정액권이 있다. 비지터 패스는 $25로 4일 동안 어느 버스라도 무제한으로 이용할 수 있다.
>
> **Tip2** 더 버스 이용법
> ① 버스 탑승시 기사에게 환승 "Transfer, please."를 요구하면 환승티켓을 받을 수 있다.
> ② 버스에는 잔돈이 준비되어 있지 않으니 버스를 타기 전에 미리 잔돈을 준비한다.
> ③ 하차할 장소의 안내방송이 나오면 버스 창가에 길게 늘어져 있는 은색 줄을 당긴다.
> ④ 버스가 정차하면 좌석에서 일어나 뒷문으로 하차한다. 뒷문은 수동이므로 위에 녹색불이 들어왔을 때 승객이 직접 손으로 밀어야 문이 열린다.

2. 렌터카(Rentcar)

더 버스 등 대중교통이 잘 되어 있는 오아후 섬과 달리 이웃섬(마우이, 빅아일랜드, 카우이)은 대중교통이 잘 발달되어 있지 않다. 버스 간 배차시간은 보통 1~2시간이며, 오후 6시쯤에 버스가 끊기므로 이웃섬을 여행할 때는 렌터카가 필수다. 오아후 섬을 방문하는 대부분의 여행자들은 와이키키의 비싼 주차료 때문에 노스쇼어 북부와 동부 지역을 관광할 때만 1~3일 정도 렌트하는 경우가 많다. 낯선 여행지에서 운전에 대한 부담이 있을 수 있지만 기본 교통 수칙만 숙지한다면 렌터카를 타고 알찬 여행을 즐길 수 있다. 렌터카 정보는 44쪽에 자세하게 실어두었으니 렌터카를 이용할 예정이라면 참조하자.

3. 와이키키 트롤리(Walkiki Trolley)

트롤리는 하와이의 명물로 호놀룰루 시내와 와이키키 근교를 둘러볼 수 있는 관광용 버스다. 사방이 탁 트인 것과 앞이 아닌 밖을 볼 수 있게 착석하는 것이 특징이며, 4가지(핑크, 레드, 그린, 블루) 라인이 있다. 핑크라인은 와이키키와 알라모아나 센터, 레드라인은 역사나 문화 관광지 등의 다운타운 명소, 그린라인은 와이키키, 다이아몬드 헤드, 카할라 몰을 안내한다. 마지막으로 블루라인은 동쪽 해안의 관광명소인 하나우마 베이, 시라이 파크를 안내한다. 핑크라인은 성인과 아동이 동일하게 $2이며, 그 외 라인은 패스를 구입해야 한다. 참고로 신용카드 앞면에 'JCB'라고 적혀 있는 경우 성인 1명, 아동 2명까지 핑크라인을 무료로 이용할 수 있다. 자세한 사항은 홈페이지(www.waikikitrolley.com)를 참조하자.

Tip1 트롤리 4가지 라인 알아보기

핑크라인: 쇼핑코스로 노선이 만들어져 있으며 호놀룰루 쇼핑에 최적화된 라인이다.
주요 정류장: 킹 칼라카우 플라자 – 하드락 카페 – 알라모아나 센터 – T 갤러리아
레드라인: 하와이의 역사·문화 관광코스로 유적지와 명소를 둘러보기 위한 라인이다. 이 책의
둘째 날 다운타운 일정에서 렌트를 하지 않을 경우 레드라인을 이용해보자.
주요 정류장: 이올라니 궁전 – 차이나타운 – 카메하메하 동상 – 알로하 타워
그린라인: 다이아몬드 헤드 등반을 비롯한 오아후 섬의 자연을 즐길 수 있는 라인이다.
주요 정류장: 다이아몬드 헤드 전망대 – KCC 농산물 시장 – 호놀룰루 동물원
블루라인: 오아후의 남동부 해안을 따라 운행하는 라인으로, 하루 3회 운행된다. 다른 라인과 달리 승하
차가 되지 않지만 포토타임이 있다.
주요 정류장: 하나우마 베이 – 하와이 카이 전망대 – 할로나 블로우 홀

Tip2 트롤리 패스 요금

1데이 1라인 패스: 성인 $23, 만3~11세 $15
1데이 4라인 패스: 성인 $41, 만3~11세 $22
4데이 4라인 패스: 성인 $59, 만3~11세 $36
7데이 4라인 패스: 성인 $63, 만3~11세 $41

4. 택시(Taxi)

하와이에서는 도로에서 승객을 태우는 것이 금
지되어 있다. 택시를 이용하려면 호텔에서 택시
를 요청하거나 쇼핑몰의 택시 정류장에서 탑승
해야 한다. 택시 기본요금은 $2.8~3.8이며 200m
당 45¢~의 추가요금이 적용된다. 목적지에 도
착시 요금의 15%를 팁으로 주어야 한다.

Tip 한인택시

일반 택시와 한인택시는 요금에 큰 차이가 없다. 영어가 불편하다면 한인택시를 이용하는 것도 한 방법이다.
포니택시: 808–944–8282   로얄택시: 808–946–8282
코아택시: 808–944–0000   하나택시: 808–955–2255

하와이 자유여행을 위한
렌터카 정보

오아후 섬을 제외한 이웃섬(마우이, 빅아일랜드, 카우이 등)을 관광하기 위해서는 렌터카를 이용하는 것이 편리하다. 오아후 섬에서도 시간이 부족하거나 대중교통을 이용해 갈 수 없는 섬 구석구석을 둘러보고 싶은 여행자라면 1~3일 정도 렌터카를 이용하는 것이 좋다.

1. 렌터카 예약하기

한국에서 렌터카 회사 홈페이지나 여행사를 통해 예약을 할 수 있다. 성수기에는 여행자가 원하는 차량이 없을 수도 있다. 미리 인터넷으로 예약하면 현지에서 직접 렌트하는 것보다 저렴하며, 알라모(Alamo), 달러(Dollar), 허츠(Hertz) 렌터카 회사는 한국사무소가 있기 때문에 사전 예약 서비스를 더 편하게 이용할 수 있다. 예약조건에 따라 선불제 또는 후불제로 결제하면 된다. 예약시 운전자의 영문 이름, 연령, 차량 종류, 차량 렌트일, 반납일은 기재 필수사항이며, 내비게이션 및 유아용 카시트는 옵션사항이다. 참고로 렌트는 21세 이상 가능하지만, 21~24세는 영 드라이브 요금인 언더에이지 서차지(underage surcharge, 1일 $27)를 추가로 지불해야 한다.

알라모 렌터카 한국사무소 ◆전화번호: 02-739-3110 ◆홈페이지: www.alamo.co.kr

달러 렌터카 한국사무소 ◆전화번호: 02-753-9114 ◆홈페이지: www.dollarrentacar.kr

허츠 렌터카 한국예약센터 ◆전화번호: 82-1600-2288 ◆홈페이지: www.hertz.co.kr

렌탈카스 ◆홈페이지: www.rentalcars.com(한국어로 제공되며 해외의 모든 렌터카 요금 비교 가능)

Tip 알라모 렌터카 위치 정보

오하후 섬 지점	**와이키키센트럴(Waikiki Kaiulani)** 영업시간: 7:00~20:00 주소: 151 Kaiulani Ave., Honolulu 전화번호: 808-926-1891 **호놀룰루국제공항** 영업시간: 5:00~1:00 주소: 3055 N. Nimitz Hwy., Honolulu 전화번호: 808-833-4585 **와이키키웨스트(Waikiki Discovery bay 2층)** 영업시간: 7:00~19:00 주소: 1778 Ala Moana Blvd., Ste 206 Honolulu 전화번호: 808-947-6112 **아울라니 디즈니 리조트** 주소: 92-1185 Alinui Dr., Kapolei, HI 96707 전화번호: 808-676-5924 영업시간: 7:00~17:00
마우이 섬 지점	**카훌루이공항** 영업시간: 5:00~23:00 주소: 905 W. Mokuea Place, Kahului 전화번호: 808-871-6235 **카팔루아 공항** 영업시간: 7:00~17:00 주소: 30 Halawai Dr., Ste C. Lahaina 전화번호: 808-661-7181
빅아일랜드 지점	**코나국제공항** 영업시간: 5:30~22:30 주소: 73-106 A'ulepe St., Kailua Kona 전화번호: 888-826-6893 **힐로국제공항** 영업시간: 5:30~21:00 주소: 131 Kekuanaoa St., Hilo 전화번호: 888-826-6893 **힐튼 와이콜로아** 영업시간: 7:30~11:30, 12:00~16:00 주소: 69-425 Waikoloa Beach Dr., Wailkoloa 전화번호: 808-886-0205

Tip 렌터카 차종 알아보기

예약시 차량 종류만 정해지며, 현지에서 차량 픽업시 차종을 선택할 수 있다. 만약 현대차를 타고 싶은데 모두 렌트중이라면 같은 종류의 동급 차종을 선택해야 한다.

종류	크기	한국차와 비교	현지 차종
Economy	4인승 소형	모닝	Chevrolet Aveo 등
Compact	5인승 중·소형	현대 액센트	Nissan Versa, Ford Focus 등
Midsize	5인승 중형	현대 아반떼	Pointiac G5, Chevrolet Cruze 등
Fullsize	5인승 중·대형	현대 소나타	Honda Acord, Dodge Charger 등
Premium	5인승 대형	현대 그랜저	Chevrolet Impala, Nissan Maxima 등
Midsize SUV	5인승 중형 SUV	기아 스포티지	Ford Escape
Fullsize SUV	7인승 대형 SUV	기아 소렌토	Ford Explorer
Convertible	스포츠카(오픈카)	–	Ford Mustang
Minivan	7인승	기아 카니발	Dodge Grand Caravan

2. 현지에서 렌트시 필요한 서류

미리 인쇄한 렌터카 예약 확인서 또는 예약 번호와 여권, 국내운전면허증, 국제운전면허증을 제시한다. 법규상으로는 국내운전면허증만으로도 렌트를 하거나 운전하는데 문제가 없지만 현지에서 사고가 발생할 경우를 대비해 국제운전면허증도 준비하는 것이 좋다. 렌트시 보증금이나 신분 보증을 위해 운전자 명의의 신용카드가 필요하다.

3. 렌터카 픽업하기

하와이 렌터카 회사는 대부분 공항에 상주하므로 공항에서 픽업 및 반납을 할 수 있다. 본인이 예약한 렌터카 회사로 이동해 보험 관련 사항을 확인한 후 보험에 가입하고 신용카드로 지불한 뒤 차량을 픽업한다. 렌터카 픽업은 만 21세 이상만 가능하다.

Tip1 렌트시 알아두면 좋은 보험 용어

자차보험(CDW: Collision Damage Waiver): 최소한의 목적으로 가입해야 하는 일반 보험으로 'LDW(Loss Damage Waiver)'라고도 쓴다. 렌터카 차량에 생기는 모든 손상에 대한 보험으로 차량의 파손, 도난 등에 따른 책임을 묻지 않는다.

대인·대물보험(EP: Extended Protection): 타인의 차량이나 신체에 대한 보험으로 'SLI(Supplemental Liability Insurance)'라고도 쓴다. 상대방의 부상, 사망, 차량손상에 대한 보험적용을 해준다.

자손보험(PAI: Personal Accident Insurance): 운전자와 동승자의 사고 부상 의료비, 휴대 소지품 보상 및 사망 보상금에 대한 보험이다. 'PPP(Personal Protection pian)'라고도 사용한다.

긴급출동 서비스(RAP: Roadside Assistance protection): 차량의 키를 분실하거나 차 안에 두고 내릴 경우, 배터리 방전, 견인 서비스 등의 응급상황에 대한 24시간 출동서비스다.

Tip2

렌트시 옵션사항으로 한국어 음성이 지원되는 내비게이션(1일 $10~15)을 선택할 수도 있지만 구글맵이나 애플의 기본 맵이 내비게이션 기능을 하기 때문에 내비게이션을 선택하지 않아도 된다.

구글맵: 무제한 데이터 로밍이나 포켓 와이파이를 대여했다면 구글맵을 내비게이션으로 사용하면 된다.

스마트폰 내비게이션: 미리 지도를 다운받아서 사용하는 것으로 무료로 사용할 수 있다는 장점이 있지만 영어만 제공되는 단점이 있다.

4. 셀프 주유소 이용하기

하와이의 주유소는 대부분이 셀프 주유소다. 셀프 주유소 중에는 한국 신용카드로 결제가 되지 않는 곳도 있고, 아예 현금 결제만 가능한 곳도 있으니 미리 현금을 준비해두는 것이 좋다. 참고로 미국의 주유 단위는 L(리터)가 아니라 GAL(갤런)을 사용하며, 1GAL은 약 3.8L다.

Tip 주유기에서 신용카드를 사용할 경우

주유기 앞에 차를 세운 후 주유기에 신용카드를 투입하고 뺀다. 우편번호(zip-code) 96815를 입력한 후 주유를 시작한다. 신용카드 인증이 통과되면 휘발유의 3등급 중 본인이 주유할 종류를 선택한다. 대부분 가장 낮은 등급인 'regular'를 선택한다.

① 주유소로 이동 후 주유기 앞에 차를 세운다.

② 주유대 위 숫자를 확인한다.

③ 간이매점으로 이동해 점원에게 주유 번호와 본인이 주유할 금액을 알려준다.

④ 주유대로 돌아와서 넣고자 하는 휘발유(Gasoline)의 3등급(regular, plus, premium) 중 주유할 종류를 선택한다. 일반적으로 regular를 주유한다.

⑤ 주유기를 넣고 레버를 당긴다. 펌프기가 내려가 있으면 주유가 되지 않으며, 기름이 가득 차면 자동으로 멈춘다.

점원이 있는 간이매점에서 주유한다면 신용카드, 현금 모두 결제가 가능하다. 가득 차 있던 상태에서 반을 사용했다면 보통 소형차일 경우 $10∼12 정도, 지프일 경우 $20 정도면 가득 찬다. 3번 주유기에 $20를 주유하고 싶다면 점원에게 "Pump number 3, 20 dollars please."라고 이야기하면 된다. 만약 주문 금액보다 적게 주유된 경우에는 매점으로 돌아가서 "Pump number 3, change please."라고 이야기한다.

5. 하와이에서 주차하기

호놀룰루는 주차 단속이 심하다. 특히 'TOW(견인)'이라고 적혀 있는 곳은 절대 주차하지 말자. 한국식으로 안일하게 생각해 주차했다가 견인되는 경우가 많다. 무엇보다 견인 후 차를 다시 찾기도 어려울 뿐 아니라 다시 차를 찾는 데도 비용(약 $200 정도)이 많이 든다.

파킹미터기: 가장 일반적인 방법으로 도로변에 위치해 있으며, 원하는 시간만큼 동전을 넣으면 된다.

공영주차장: 본인의 차량을 입력한 뒤 원하는 시간만큼 현금 또는 신용카드로 결제한 후 출력된 영수증을 앞 운전대에 올려놓으면 된다. 다만 현금 결제시 거스름돈을 받을 수 없다.

<u>무료주차:</u> 표지판에 주차 가능 시간을 확인하고 주차한다.

<u>발렛파킹:</u> 호텔이나 레스토랑을 이용할 경우 직원이 대신 주차를 해준다. 직원에게 받은 주차 티켓은 차를 찾을 때 제시해야 하므로 잊어버리지 말자. 차를 받을 때 팁($1~3)을 주는 것이 관례다.

6. 드라이브시 주의사항

km를 사용하는 우리나라와는 달리 미국은 거리와 속도 단위로 mile(마일)을 사용한다. 익숙하지 않은 단위다 보니 무심코 제한속도를 초과하는 여행자들이 많은데, 도로 운행시 규정 속도를 지키지 않을 경우 벌금이 부과되니 주의해야 한다. 1mile은 약 1.6km로, 지역에 따라 상이하지만 일반적으로 학교 주변과 시내는 25mile(40km), 교외 지역은 35~40mile(56~64km), 고속도로는 55~70mile(88~112km)이다. 벌금은 초과 속도에 따라 부과된다.

또 본인차선이나 반대차선 상관없이 스쿨버스가 정차되어 있다면 아이들이 완전히 길을 건널 때까지 반드시 정차해 있어야 한다. 'STOP'이라고 적힌 표지판이 있는 곳에서는 무조건 3초 정차한 뒤 출발해야 한다. 표지판 앞에 여러 대의 차량이 있더라도 한 번씩 다 정차를 한 후 출발해야 한다. 만약 위반시 경찰에게 적발되면 벌금 $100가 부과된다.

미국에서는 유아와 아동에 대한 카시트를 의무화하고 있다. 아이를 안고 타는 것은 불법이므로 아이와 함께 여행을 하는 사람이라면 렌트시 카시트를 반드시 선택하도록 하자. 아울러 카시트를 제외한 모든 좌석에서 안전벨트는 필히 착용해야 한다.

경찰의 단속에 걸린 경우는 차를 세운 후 경찰이 다가오면 차에서 내리지 말고 창문을 열어 여권, 국내운전면허증, 국제운전면허증을 제출하면 된다. 벌금이 부과되면 안내된 대로 납부하면 된다.

여행을 풍성하게 만들어줄
하와이 전통문화

우쿨렐레(Ukulele)
포르투갈 이민자들이 가져온 '브라기냐(braguinha)'
라는 악기가 변형된 것으로, '벼룩'을 뜻하는 '우쿠
(Uku)'와 '뛰어오르다'의 '렐레(Lele)'가 합쳐져 '뛰는
벼룩'이라는 의미다. 경쾌한 음이 특징이다. 와이키
키 주변의 우쿨렐레 전문점이나 커뮤니티 센터에서
무료 수업을 들을 수 있다.

레이(Lei)
훌라 댄서들이 착용하는 꽃목걸이를 말한다. 요즘
은 주로 꽃을 이용해서 만들지만 과거에는 양의
이빨, 조개껍데기, 풀이나 이파리 등으로 만들었
다. 레이는 재료에 따라서 부정 방지, 풍요 기원,
사랑, 존경, 축복 등의 의미를 상징한다. 로얄 하
와이안 센터에서 무료 만들기 체험이 있다.

로미로미(Lomi Lomi)
고대부터 내려오는 하와이 전통 치유 마사지다.
세계 5대 마사지 중 하나로 손꼽히는 로미로미는
신체의 곡선을 따라 온몸의 신경세포와 혈액, 림
프액 등이 원활히 순환되도록 도와준다.

하와이안 퀼트(Hwaiian Quilt)
패치워크(여러 가지 색상, 무늬, 소재, 크기, 모양의 작은
천 조각을 서로 꿰매 붙이는 것)가 하와이 스타일로 변
형된 하와이 공예품이다. 하와이 식물을 모티브로
한 것으로 대표적인 쇼핑 품목 중 하나다.

훌라(Hula)

'춤춘다'라는 뜻의 훌라는 하와이 전통춤이다. 고대에 신께 기도를 드리기 위해 추었던 종교의식이었는데, 오늘날 하와이 문화를 나타내는 상징적인 예술로 자리매김했다. 서구풍의 음악과 함께 현대적인 스타일의 훌라 아우아나와 전통 의상을 입고하는 훌라 카히코가 가장 대표적이다. 훌라의 각 동작에는 여러 의미가 담겨 있다. 팔을 머리 위로 올려 원 모양으로 만들면 '달'을, 자음 'ㄴ'자 형태가 되면 '바람'을 의미하며, 가슴 앞으로 두 팔을 교차하는 동작은 '나는 당신을 사랑합니다.'라는 표현이라고 한다. 오아후 섬의 와이키키 비치워크 또는 로얄 하와이안 센터에서 무료 훌라 레슨을 받을 수 있다.

 간단한 하와이어와 제스처

Aloha(알로하): 안녕하세요. 안녕히 가세요. 환영합니다. 사랑합니다.
Mahalo(마할로): 감사합니다.
Ono(오노): 맛있습니다.
Wiki Wiki(위키위키): 빨리
Shaka(샤카): 엄지와 새끼손가락을 펴고 나머지 세 손가락은 접는 제스처로 '고마워.' '안녕.' 등의 의미

 알고 가면 더 좋은 하와이 축제

하와이는 1년 내내 다양한 축제가 열린다. 여행 기간에 맞는 축제 정보를 얻고 싶으면 하와이 관광청 홈페이지(www.gohawaii.com/festivalsofhawaii)를 참조하자.

하와이에 가면 꼭 사와야 할
인기 쇼핑 품목

코나커피(Kona coffee)
세계 3대 커피(자메이카 블루마운틴, 예멘 모카, 하와이
코나) 중 하나인 코나커피는 약간 시큼한 끝 맛, 열
대 과일의 달콤한 향이 특징이다. 대형마트나 슈
퍼마켓에서 구입하는 것이 저렴하다.

버츠비(Burt's bees)
화학성분을 최대한 배제한 천연 화장품으로, 코코넛
풋 크림, 클렌징크림, 핸드 셀브 등이 여행자들에게
인기 있는 품목이다. 한국보다 저렴한 가격에 구입
할 수 있으니 대형마트나 슈퍼마켓을 방문해보자.

마카다미아 넛(Macadamia Nut)
불포화 지방산의 비율이 높아 심혈관 질환에 좋다고
알려진 마카다미아 넛은 소금을 뿌린 것, 소금 없이
구운 것, 초콜릿을 바른 것, 꿀을 바른 것 등 종류가
다양하다. 다른 견과류에 비해 가격대가 높다.

비타민 영양제
노니(Nonil)는 저항력을 높여 감기에 좋으며, 스피
루리나(Spirulina)는 면역력, 당뇨, 간 질환에 좋다.
아사이와 비타민 센트롬·GNC 등도 쇼핑목록에
빠져서는 안 되는 인기 상품이다.

쿠키(Cookie)
오아후의 '호놀룰루 쿠키 컴퍼니(Honolulu Cookie Company)'의 쿠키는 독특한 모양과 부드러운 식감을 자랑하며, 빅아일랜드의 '빅아일랜드 캔디스(Big Island Candies)'의 쿠키는 마카다미아 넛과 달걀, 코나커피를 이용해 색다른 맛이 낸다.

하와이안 호스트 초콜릿(Hawaiian Host Chocolates)
마카다미아 넛이 들어가 있는 하와이 최고의 초콜릿이다. 앉은 자리에서 한 상자를 다 먹어버릴 정도로 맛있는 초콜릿이라 해서 '앉은뱅이 초콜릿'이라고도 불린다.

세포라(Sepora)
1970년에 설립된 프랑스를 대표하는 화장품 전문 매장으로 기초부터 색조까지 사용 목적 순서로 진열되어 있기 때문에 효율적으로 비교해 구입할 수 있는 장점이 있다.

코치(Coach)
한국 여행자들에게 가장 인기 있는 쇼핑 품목 중 하나다. 와이컬렛 아울렛 매장을 들렀다면 코치 매장을 찾아보자. 저렴하게 구입할 수 있다.

여행의 즐거움,
대표 먹거리와 주류

로코모코(Loco Moco)
밥, 돈가스 또는 햄버거 스테이
크, 스팸, 달걀 프라이 등을 얹어
서 먹는 음식으로 부드러운 소스
가 음식의 맛을 좌우한다.

칼루아 포크(Kalua Pork)
땅에 구덩이를 판 뒤 바나나 잎으
로 싼 돼지고기를 화산석과 함께
넣어 6시간 이상 쪄서 익혀 낸 하
와이 전통음식이다.

사이민(Saimin)
새우로 국물을 내어 간장으로 간
을 조절한 후 여러 고명을 올려
먹는 하와이식 면 요리다. 맑은 국
물과 쫄깃한 면발이 일품이다.

스팸 무스비(Spam Musbi)
흰 쌀밥 위에 구운 스팸, 달걀,
베이컨 등을 얹어 김으로 싼 주
먹밥이다.

피피카울라 갈비(Pipikaula Short Rib)
오랜 시간 천장에 매달아 건조와
숙성 과정을 거친 갈비를 주문과
동시에 기름에 튀겨 만든다.

쉐이브 아이스(Shave Ice)
동그란 빙수에 다양한 시럽을 뿌
려 먹는 하와이 명물 간식이다.
색색의 시럽이 다른 맛을 낸다.

아사이 볼(Acai Bowl)
아사이베리를 갈아 바나나, 키
위, 딸기 등의 과일을 얹어 먹는
하와이 대표 간식이다.

말라사다(Malasada)
겉은 바삭하고 속은 쫀득쫀득하며
안에 달콤한 커스터드 크림이 들어
간 하와이 명물 간식이다.

포케(Poke)
한입 크기의 참치와 해초, 후추,
참기름, 통깨, 소금 등을 넣어 무
친 하와이식 참치회덮밥이다.

블루 하와이(Blue Hawaii)
리큐르인 럼, 블루 큐라소, 라임 주스, 파인애플 주스를 사용해서 만드는 칵테일이다. 새콤달콤한 맛이 특징이다.

마이 타이(Mai Tai)
화이트 럼, 오렌지 큐라소, 파인애플 주스, 오렌지 주스, 레몬 주스를 넣은 뒤 잘게 부순 얼음을 채워 만든 칵테일이다.

라바 플로우(Lava Flow)
코코넛과 파인애플이 가미된 달콤하고 부드러운 칵테일로 무알코올이라 여성들에게 인기가 많다.

치치(Chi Chi)
보드카, 파인애플 주스, 코코넛 주스를 혼합한 뒤 잘게 부순 얼음을 넣은 칵테일이다.

알로하 라거(Aloha Lager)
알로하 비어 컴퍼니에서 생산된 라거 맥주로, 쓰지 않고 청량감이 풍부하다.

빅 웨이브(Big Wave)
하와이 누이 부루잉 컴퍼니에서 생산하는 에일 맥주로, 향이 풍부하고 짙으며 쓴맛이 강하다.

비키니블론드 라거(Bikini Blonde Lager)
'비키니 맥주'라고도 부른다. 단맛과 쓴맛이 함께 나며, 오로지 캔 맥주만 생산하는 것이 특징이다.

롱보드 라거(Longboard Lager)
관광객들에게 가장 많이 알려진 맥주로, 부드럽지만 도수는 꽤 높다.

와일루아(Wailua)
열대 과일향이 특징이며 하와이에서만 맛볼 수 있는 특별한 맥주다.

여행의 즐거움을 더하는
오아후 섬의 대표 액티비티

1. 디너크루즈

와인 한잔과 함께 하와이 석양을 즐길 수 있는 디너크루즈는 금액에 따라 뷔페, 로브스터, 스테이크 등으로 코스가 다양하다. 스타 오브 호놀룰루, 알리카이, 나바텍이 대표적인데, 사전에 홈페이지를 방문해 본인의 취향에 맞는 크루즈를 선택하면 된다. 스타 오브 호놀룰루는 신혼여행자들이 가장 많이 찾으며, '스타 선셋 디너&쇼' '3성급 선셋 디너' '5성급 선셋 다이닝&재즈' '프리미어 고래 관찰'의 4가지 코스가 있다. 알리카이는 식사의 질이 좀 떨어지지만 흥겹게 놀고 춤추기에는 최고의 크루즈다. 나바텍은 코스 중 하나우마 베이, 다이아몬드 헤드까지 운항한다는 장점이 있다.

티켓 구매처

스타 오브 호놀룰루 ◆비용: $97~ ◆전화번호: 808-983-7827 ◆홈페이지: www.starofhonolulu.com

알리카이 ◆비용: $84.5~ ◆전화번호: 808-539-9400 ◆홈페이지: www.aliikaicatamaran.com

나바텍 ◆비용: $119~ ◆전화번호: 800-381-0237 ◆홈페이지: www.atlantisadventures.com/navatek-cruises

디너크루즈 타는 곳: 1 Aloha Tower Dr., Honolulu

2. 스노클링

오아후 섬에서 가장 많은 여행자들이 찾는 스노클링 포인트는 하나우마 베이이며, 어른 허리까지 오는 얕은 수심이라 아이들도 해수욕을 즐기기에 무난한 곳이다. 바다가 잔잔한 오전 시간대를 이용해 스노클링을 즐기는 것이 좋다. 렌터카로 이동시 주차장이 협소하므로 일찍 출발하도록 하자. 또한 왕복 교통과 입장료가 포함된 패키지 투어로 하나우마 베이를 찾을 수도 있다.

스노클링의 장비로는 구명조끼, 오리발, 물안경, 숨 쉬는 호스가 필요하며, 하나우마 베이에 장비를 대여할 수 있는 대여점이 있다. 다른 여행자가 사용한 장비가 불편하다면 대형마트(월마트 등)에서 저렴하게 구입할 수 있다.

비용: 하나우마 베이 입장료 $7.5(13세 미만 무료), 구명조끼 $7, 장비렌트 $13.5(보증금 $30 별도), 로커 $7

주소: 100 Hanauma Bay Rd., Honolulu

전화번호: 808-396-4229

하나우마 베이 홈페이지: www.hanauma-bay-hawaii.com

3. 루아우 쇼

루아우 쇼는 하와이 전통음식과 훌라를 비롯한 태평양 각지의 쇼가 결합된 왕족 연회다. 루아우 쇼를 경험하지 않고는 하와이 여행이 아니라고 할 정도니 공연과 함께 폴리네시안 문화에 깊이 빠져보자. 그 중 폴리네시안 문화센터에서 펼쳐지는 루아우 쇼가 가장 화려하고 전통적이다. 파라다이스 코브의 루아우 쇼는 코올리나 비치 리조트 내 해변에서 펼쳐져 석양과 함께 환상적인 쇼를 즐길 수 있다.

무료로 쇼의 세상에 빠지고 싶으면 와이키키 비치 동쪽에 위치한 쿠히오 비치 파크를 찾아보자. 쿠히오 비치 토치라이팅&훌라쇼가 무료로 제공된다. 자세한 내용은 79쪽을 참조하자.

루아우 쇼 공연 정보

<u>폴리네시안 문화센터</u> ◆비용: $39.95 ◆전화번호: 800-367-7060 ◆주소: 55-370 Kamehameha Hwy, Laie ◆홈페이지: www.polynesia.com ◆기타: 공연 및 개장시간: 178쪽 참조

<u>파라다이스 코브</u> ◆비용: $88~ ◆공연 시간: 17:00~21:00 ◆전화번호: 808-842-5911 ◆주소: 92-1089 AliiNui Dr, Kapolei ◆홈페이지: www.paradisecove

4. 스탠드업 패들링

스탠드업 패들링(Standup Paddling)은 서핑과 달리 두꺼운 보드 위에 서서 노를 저으며 타는 것을 말한다. 파도가 잔잔한 곳에서 즐기기 좋으며, 알라모아 비치나 카할라 비치, 카하나 베이에서 즐길 수 있다.

<u>보드 대여</u>: 1시간 $14~, 2시간 $28~
<u>대여 장소</u>: 서핑 보드 대여 장소에서 대여 가능

5. 제트스키

수상 스포츠에서 빠질 수 없는 것이 수상오토바이라고 불리는 제트스키다. 특별한 테크닉 없이 탑승 전 간단한 안전교육만으로도 최고의 스릴을 만끽할 수 있다.

비용: 30분 기준 1인($59~)

주소: 96825 Hawaii, Honolulu, Kalanian aole Hwy

전화번호: 808-395-3773

홈페이지: www.Hawaiiwatersportscenter.com

6. 서핑

서핑의 발상지이자 서퍼들의 천국이라고 할 수 있는 하와이! 하와이는 알맞은 수온과 다양한 형태의 파도로 일 년 내내 서핑을 즐길 수 있다. 제임스 쿡 선장이 1778년 파도타기를 즐기는 원주민을 발견한 것이 최초라고 전해지기도 하며, 올림픽 수영 금메달리스트인 듀큐 카하나모쿠가 와이키키에 서핑클럽을 열면서 세계에 알려졌다고 전해지기도 한다.

초보자는 와이키키 비치에서, 중급자 이상은 파도가 높은 노스쇼어에서 서퍼를 즐겨보도록 하자. 2시간 정도의 레슨으로 간단하게 서핑을 즐길 수 있다.

서핑 비용: 서핑보드 대여 1시간 $7~, 2시간 $14~

서핑 강습 주소: Waikiki Beach, Honolulu(Surfing Lastruetor)

전화번호: 808-372-2146

7. 코코헤드 트레킹

코코헤드 트레킹은 오아후 섬에서 가장 험난한 코스지만 가장 황홀한 풍경을 선사한다. 코코헤드는 해발 360m의 분화구 산으로, 정상까지 놓인 철길은 제2차 세계대전 당시 군사용품을 보급하기 위한 것이었다고 한다. 정상까지 1,048개의 계단을 오르면 하나우마 베이, 와이아이 비치 파크, 와이키키 호텔 등이 한눈에 들어오는 최고의 풍경을 즐길 수 있다.

정상에 오르는 동안 그늘이 없으므로 모자, 선크림, 운동화, 생수 등을 준비해야 한다. 정상에는 소원 박스가 있으므로 출발 전에 펜을 준비한다면 색다른 추억을 만들 수 있을 것이다.

8. 다이아몬드 헤드 트레킹

하와이의 대표적 화산으로 처음 발견 당시 다이아몬드처럼 반짝이는 모습이었기에 다이아몬드 헤드라는 이름이 지어졌다고 한다. 232m 높이의 다이아몬드 헤드에서 일출을 보며 소원을 빌면 그 소원이 이루어진다는 설로 많은 관광객이 찾는 곳이다. 남녀노소 누구나 트레킹을 즐길 수 있는 무난한 코스로 정상에서 바라보는 시원한 바다만으로도 최고의 가치를 자아낸다.

입장시간: 6:00~18:00

9. 오아후 골프장

하와이 골프장은 태평양을 배경으로 아름다운 경관과 코스를 자랑한다. 초보자들도 무난히 즐길 수 있는 카이 골프장부터 럭셔리 골프장의 대명사이며 LPGA 챔피언십이 열렸던 코올리나까지 다양한 골프장이 있다. 하와이에서 낭만적 라운딩을 즐겨보자.

① 터틀 베이 리조트 골프 클럽(Turtle Bay Resort Golf Club)

오아후 섬 최고의 골프장으로 중상급 코스다. LPGA SBS 오픈이 개최되는 곳으로 유명하다. 나무, 벙커, 워터해저드의 장애물이 많고 바닷가에 위치한 어려운 코스로 골프 마니아들에게 추천한다.

코스: 36홀

주소: 57-091 Kuilima Dr., Kahuku

전화번호: 808-293-6000

홈페이지: www.turtlebayresort.com

위치: 오아후 섬 북쪽(노스쇼어)

② 코올리나 골프 클럽(Ko'olina Golf Club)

2012년부터 롯데 LPGA 챔피언십이 열리는 곳으로, 최고급 리조트와 골프장이 함께한 럭셔리 골프 클럽이다. 부대시설이 좋으며 자쿠지, 사우나를 갖춘 락커룸도 있다. 단, 워터해저드가 많아 쉽지 않은 코스다.

코스: 18홀

주소: 92-1220 AliNui Dr., Kapolei

전화번호: 808-676-5300

홈페이지: www.koolinagolf.com

위치: 아울리나 리조트 내

③ 카플레이 골프 클럽(Kapoolei Golf)

1996~2001년 LPGA 여자 하와이 오픈이 열린 곳으로 5개 호수가 있는 것이 특징이다. 워터해저드가 많고 거리가 있지만 골프 초보들도 라운딩하는 데 큰 무리는 없다.

코스: 18홀

주소: 91-701 Farrington Hwy., kapolei

전화번호: 808-447-0202

홈페이지: www.kapoleigolfcourse.com

위치: 카플레이 빌리지 안

④ 펄 컨트리 클럽(Pearl Country Club)

혼다 자동차 회사의 회장 '혼다'가 구입한 것으로 로컬 토너먼트의 상징인 하와이 펄 오픈이 열리는 곳이다. 중상급 코스이며, 골프장에서 바라보는 탁 트인 뷰가 특징이다.

코스: 18홀

주소: 98-535 Kaonohi St., Aiea

전화번호: 808-487-3802

홈페이지: www.pearlcc.com

위치: 진주만 근처

⑤ 카이 골프(Kai Golf)

평이한 코스로 관광객들이 가장 많이 찾는 골프장이다. 골프장에서 코코헤드가 보이
며 아름다운 잔디가 특징이다. 정규코스, 이그젝큐티브 코스인 파 3코스가 있다.

코스: 35홀

주소: 8902 Kalanianaole Hwy., Honolulu

전화번호: 808-395-2358

홈페이지: www.hawaiikaigolf.com

위치: 하와이 카이지역

⑥ 코랄 크릭 골프(Coral Creek Golf)

한인이 운영하는 골프장이다. 페어웨이가 넓어 초보자들이 즐기기에 좋으며, MBC에
서 방영된 드라마 〈신이라 불리운 사나이〉의 촬영장소이기도 하다.

코스: 18홀

주소: 91-111 Geiger Rd., Ewa Beach

전화번호: 808-441-4653

홈페이지: www.coralcreekgolfhawaii.com

⑦ 와이켈레 골프 클럽(Wakele Golf Club)

아울렛 매장 옆에 위치한 골프장이며, 주택단지 내에 위치해 골프를 치는 동안 하와
이의 아름다운 집들을 구경할 수 있는 특별함이 있다. 페어웨이가 좋고 무난한 코스
지만 곳곳의 해저드나 경사가 꽤나 신경을 쓰게 하는 곳이다.

코스: 18홀

주소: 94-200Paioa Pl., Waipahu

전화번호: 808-676-9000

홈페이지: www.golfwaikele.com

위치: 와이켈레 아울렛 매장 옆

이것만은 꼭 알고 가자 ⑥

이렇게 일정을 짜면 하와이가 즐겁다

- **4박 6일 추천 루트**(렌터카에 따른 추천 일정)

① 3일 렌트시

1일차 • 공항 도착 + 와이키키 비치와 칼라카우아 거리 관광

2일차 • 렌터카 픽업(와이키키) + 진주만 + 다운타운(알로하타워, 차이나타운, 주정부청사, 이올라니 궁전, 알라모아나 비치 파크) 관광

3일차 • 동부해안 + 노스쇼어 관광

4일차 • 아울렛 + 월마트+알라모아나 쇼핑센터 및 기타 일정 소화

5일차 • 렌터카 반납(호놀룰루국제공항) 후 출국

② 2일 렌트시

1일차 • 공항 도착 + 와이키키 비치와 칼라카우아 거리 관광

2일차 • 와이키키 트롤리 레드라인과 함께 다운타운(알로하타워, 차이나타운, 주정부청사, 이올라니 궁전) 관광

3일차 • 렌터픽업(와이키키) + 동부해안 + 노스쇼어 관광

4일차 • 진주만 + 아울렛 + 알라모아나 쇼핑센터 + 월마트 일정

5일차 • 렌터카 반납(호놀룰루국제공항) 후 출국

③ 1일 렌트시

1일차 • 공항 도착 + 와이키키 비치와 칼라카우아 거리 관광

2일차 • 와이키키 트롤리 레드라인과 함께 다운타운(알로하타워, 차이나타운, 주정부청사,

　　　　이올라니 궁전) 관광

3일차 • 렌터픽업(와이키키) + 동부해안 + 노스쇼어 관광

4일차 • 진주만 + 아울렛 + 알라모아나 쇼핑센터 + 월마트 중 택 2 일정

5일차 • 출국

• **5박 7일 추천 루트**(이 책의 목차 참조)

1일차 • 공항 도착 + 와이키키 비치 + 칼라카우아 거리 관광

2일차 • 다운타운(알로하 타워, 차이나타운, 이올라니 궁전, 주정부청사) 관광

3일차 • 노스쇼어(돌 파인애플 농장 + 할레이바 타운 + 카후쿠 + 폴리네시안 문화센터) 관광

4일차 • 동부(다이아몬드 헤드 + 하나우마 베이 + 카일루아 비치 파크 + 누우아누 팔리 전망대)

　　　　관광

5일차 • 진주만 + 알라모아나 쇼핑센터 + 와이켈레 프리미엄 아울렛

오아후 섬과 함께 다른 섬들까지 돌아보고 싶다면 다음의 7박 9일, 8박 10일 추천 루트를 참고하자. 오아후 섬에서의 5박 7일과 함께 아름다운 추억으로 남을 것이다.
7박 9일 추천 루트: 오아후(5박 7일) + 빅아일랜드(2일)
8박 10일 추천 루트: 오아후(5박 7일) + 빅아일랜드(3일) 또는 오아후(5박 7일) + 빅아일랜드(2일) + 마우이(1일)

프린스빌
Princeville

카파아
Kapaa

카우아이 섬
Kauai

콜로아
Koloa

푸우와이
Puuwai

나하우 섬
Niihau

노스쇼어
North Shore

오아후 섬
Oahu

카일루아
Kailua

카폴레이
Kapolei

호놀룰루
국제공항
Honolulu International Airport

호놀룰루
Honolulu

카우아이 섬

하와이 제도 중 네 번째 큰 섬으로 원시적인 독특한 자연 경관을 자랑한다. 멸종위기종인 하와이 바다표범으로 대표되는 포이푸 해변, 영화 〈쥬라기 공원〉의 무대로 유명한 와이메아 캐니언, 나팔리 코스트 등 대자연의 숨결이 곳곳에 묻어 있는 아름다운 곳이다.

오아후 섬

하와이 제도의 주도인 오아후 섬은 하와이의 여행 가능한 6개 섬 중에서 가장 인기 있는 곳이다. 와이키키 비치, 진주만, 호놀룰루, 서퍼들의 천국 노스쇼어, 눈이 즐거운 드라이브 코스 동부해안, 환상적인 골프코스가 있는 하와이 관광의 메카이자 환태평양을 연결하는 교통의 중심지다.

간단명료! 하와이에 대해 알아보자!

하와이 제도는 오아후(O'ahu), 빅아일랜드(Big Island/Hawaii), 마우이(Maui), 카우아이(Kauai) 등 8개의 큰 섬과 100개 이상의 군소 섬으로 이루어져 있다. '하와이'라는 이름은 '고향'이라는 뜻의 폴리네시아어인 '사와이키(Sawaiki)'에서 유래했다고 한다.
하와이의 주도는 오아후 섬 남동쪽에 있는 호놀룰루이며, 대부분의 사람들이 오아후 섬에 거주한다. 현재 하와이 수입원의 90% 이상이 서비스업이며, 원주민들의 훌라춤은 관광객들에게 큰 인기를 끌고 있다.

마우이 섬

하와이 제도에서 빅 아일랜드에 이어 두 번째 큰 섬이다. 하와이 왕국 최초의 수도였던 라하이나, 세계 최대 분화구인 할레아칼라산과 함께 아름다운 경관을 자랑하는 최고 관광지다.

몰로카이 섬
Moloka'i

카훌루이
Kahului

라나이 섬
Lanai

라하이나
Lahaina

마우이 섬
Maui

키헤이
Kihei

하나
Hana

카훌라위 섬
Kahoolawe

할레아칼라 국립공원
Haleakala National Park

빅아일랜드(하와이 섬)

하와이 제도 중 가장 큰 섬이며, 1814년까지 카메하메하 왕의 왕궁이 있던 곳이다. 세계 어디에서도 볼 수 없는 하와이 화산 국립공원과 웅장한 자연 경관을 자랑하는 마우나케아산의 경이로움이 비밀처럼 꼭꼭 숨겨져 있으며, 세계 3대 커피인 코나커피에 취할 수 있는 곳이다.

하위
Hawi

와이메아
Waimea

호노카아
Honokaa

와이콜로아 빌리지
Waikoloa Village

마우나케아산
Mauna Kea

코나국제공항
Kona International Airport

힐로
Hilo

카일루아-코나
Kailua-Kona

빅아일랜드
Big Island

힐로국제공항
Hilo International Airport

볼케이노
Volcano

오션 뷰
Ocean View

사우스 포인트
South Point

PART 2

알로하! 하와이 지상 최고의 낙원,
오아후 5박 7일 여행기

첫째 날

오아후의 관문,
와이키키 비치와 칼라카우아 거리

HAWAII

어디를 여행하든 살아가면서 한번쯤 접해보는 잇 플레이스가 있다. 하와이의 첫날, 여행의 이정
표 같은 두 장소를 소개한다. 귀에 익은 지명을 방문하는 것만으로도 떠나기 전 두려움은 즐거
움으로 바뀔 것이다. 가장 하와이다운 와이키키 비치와 칼라카우아 거리를 찾아 가슴 따뜻한 하
와이 여행의 첫날을 맞이하자. 밤새 날아온 피곤은 에메랄드빛 바다와 넘실대는 파도만으로도
달아날 것이다.

일정 한눈에 보기

와이키키 비치 ▶ 칼라카우아 거리

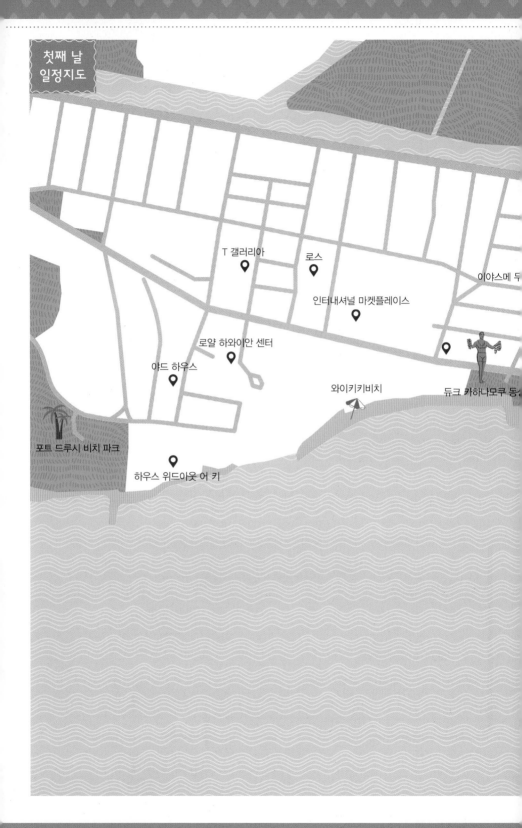

첫째 날
일정지도

T 갤러리아

로스

이야스메 두

인터내셔널 마켓플레이스

로얄 하와이안 센터

야드 하우스

와이키키비치

듀크 카하나모쿠 동

포트 드루시 비치 파크

하우스 위드아웃 어 키

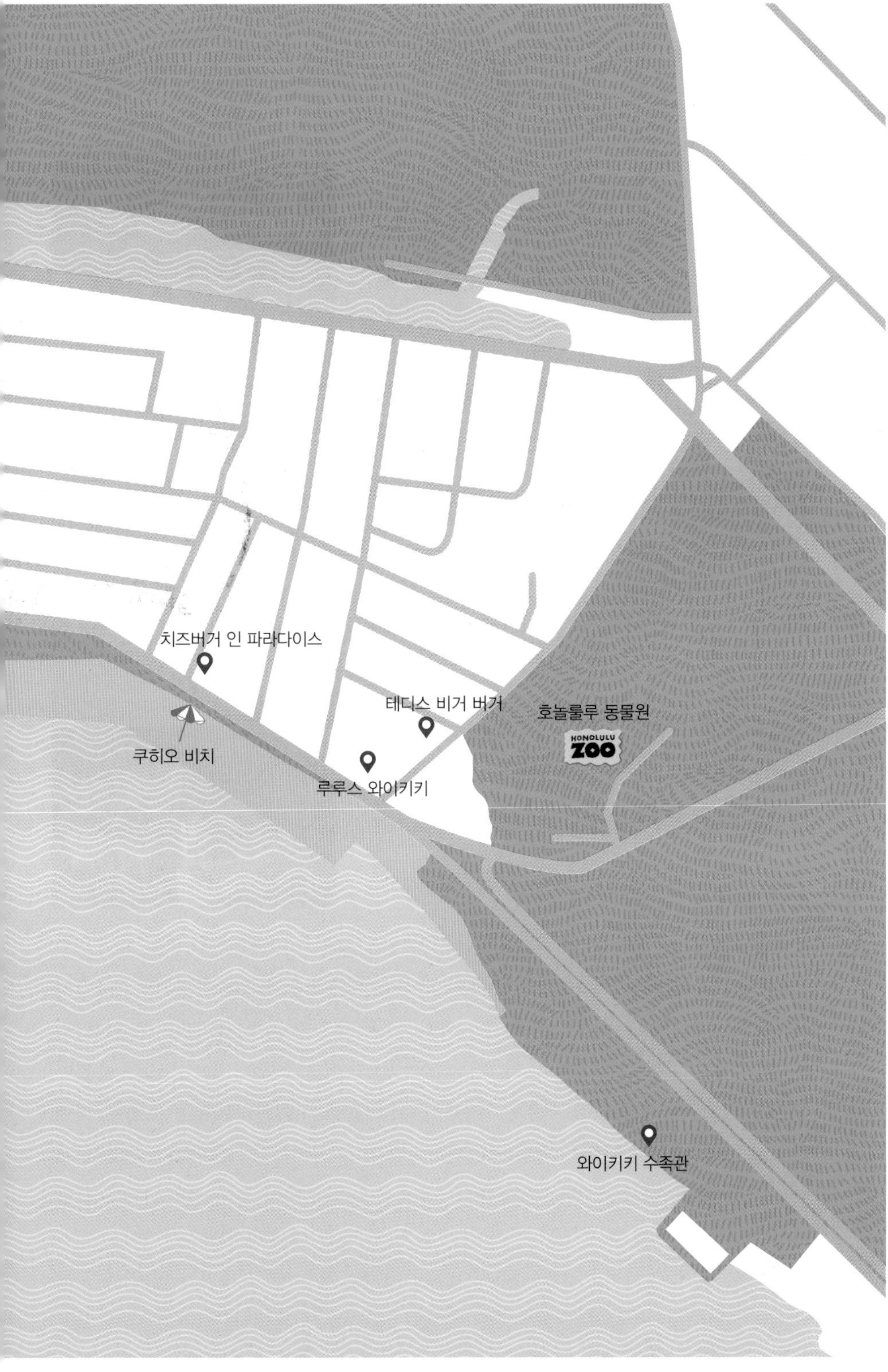

치즈버거 인 파라다이스

테디스 비거 버거

호놀룰루 동물원
HONOLULU ZOO

쿠히오 비치

루루스 와이키키

와이키키 수족관

엘비스 프레슬리가 사랑한 그곳,

와이키키 비치

Waikiki Beach

하와이 주 오아후 섬의 남쪽 해변에 있는 와이키키는 북쪽으로는 산지를, 남쪽으로는 맑고 깨끗한 바다를 아우르는 천혜의 자연조건을 갖춘 세계적 관광지다. '와이키키의 심장'이라고 불리는 칼라카우아 거리(Kalakaua Ave.)와 하와이의 상징인 와이키키 비치, 세계적 경승지 중의 하나인 다이아몬드 헤드가 있다. 와이키키는 하와이 언어로 '신선한 물을 내뿜는 온천' '용솟음치는 물'을 의미한다. 1893년 작은 게스트하우스 임대로 시작되었던 관광이 지금은 대형 리조트 호텔, 하와이안 빌리지, 쉐라톤·힐튼·메리어트·하얏트 리젠시 등 세계 유수의 호텔이 들어서면서 하와이 관광의 중심지가 되었다.

쿠히오 비치, 와이키키 비치, 포트 드루시 비치를 통틀어 '와이키키 비치'라고 부른다. 하와이의 상징인 와이키키 비치
는 연중 온화한 기후, 잔잔한 파도, 완
만한 경사면을 갖추어 각종 서핑대회,
야외 공연, 카누 경주 등의 이벤트 행사
가 진행되며 해수욕, 일광욕, 서핑, 수
상스키 등을 즐기려는 관광객의 발길
이 끊이지 않는 곳이다. 와이키키 비치
에서는 2001년부터 '해변의 저녁놀'이
라고 부르는 무료 영화 상영 이벤트가
진행중이며, 전문 댄서들의 무료 훌라
공연도 펼쳐지는 등 다양한 볼거리가
가득하다.

하와이의 상징이며 오아후 섬의 관
문인 와이키키 비치를 찾아 하와이 여
행의 매력에 빠져보자. 참고로 와이키키 비치의 제일 끝자락인 카피올라니 공원
(Kapiolani park) 이외에는 주차공간을 거의 찾을 수 없기 때문에 대중교통을 이용해
방문하는 것이 좋다.

이용 안내

◆ **입장료:** 무료 ◆ **주소:** Honolulu, HI 96815 ◆ **홈페이지:** www.waikiki.com

렌터카로 와이키키 비치를 방문했는데 와이키키 비치
주변에서 주차공간을 찾을 수 없다면 와이키키 비치 워
크(주소: 227 Lewers St., Honolulu)나 로얄 하와이안 쇼핑센터
(주소: 2201 Kalakaua Ave., Honolulu)에 주차하자. 식사를 하
거나 쇼핑을 한 뒤 매장에서 주차 도장(validation)을 받으
면 무료로 2시간 동안 주차할 수 있다.

동영상 하와이의 상징
'와이키키 비치'

Tip1 렌터카로 이동시 와이키키에서 주요 관광지까지의 소요시간
15분 거리: 호놀룰루 다운타운
30분 거리: 호놀룰루국제공항, 진주만, 하나우마 베이, 누우아누 팔리 전망대
1시간~1시간 20분 거리: 할레이바 타운, 와이메아 베이, 폴리네시안 문화센터

Tip2 하와이의 비치 파크(Beach Park)
간단한 샤워시설, 화장실, 주차장(무료) 등의 시설을 갖추어 피크닉이 가능한 장소를 말한다. 비치 파크라고
안내되어 있는 곳은 대부분 무료 입장이다.

✎ 느낌 한마디

와이키키 비치는 자유로움과 아름다움이 가장 편하게 숨 쉬는 공간이다. 눈길을 유혹하는 구릿빛
피부의 여인과 탄탄하게 가꾸어진 근육질의 남자들은 서핑을, 가족 단위의 여행자들은 물놀이를
즐기고 있다. 모래사장에서 배구공 하나로 젊음을 불태우고 있는 사람들과 이제 막 서핑을 끝내
바닷물이 채 마르지 않은 서퍼들이 와이키키의 열정을 고스란히 전해준다.

삼삼오오 비키니 자태를 뽐내며 거니는 여인들의 웃음소리가 와이키키의 저녁을 맞이한다. 와이
키키에서 맞이한 일몰은 경이롭기까지 하다. 노을이 지고 하늘이 붉게 물들자 여행객들은 그 자연
의 정취를 담기 위해 연신 카메라 셔터를 눌러댄다. 연인들은 다정하게 해변을 거닐고, 현지인들
은 자연을 느끼며 해변을 따라 마음껏 달린다. 그 모습을 보면서 이보다 더 아름다운 자연의 숨결
은 없을 것 같다는 생각이 들었다. 해변에 자리를 튼 반얀 트리 아래에서 시원한 바닷바람과 함께
하와이 전통 음악이 울려 퍼진다. 와이키키를 따라 밀려오는 음악과 그 음악에 맞춰 진행되던 훌
라 쇼를 가슴 깊이 담아본다. 와이키키의 첫째 날 밤이 그렇게 저물어 갔다.

와이키키 비치

어떻게 가야 할까?

(1) 더 버스 2번, 8번, 13번, 19번, 20번, 23번, 42번 중 하나를 탄 뒤 쿠히오 거리(Kuhio Ave.)의 오하나 이스트(OHANA EAST) 호텔에서 하차하면 동상이 바로 보인다.

(2) 45도 오른쪽 길 건너에 오하나 이스트 호텔이 있다.

(3) 하차한 후 직진하면 킹스 빌리스 쇼핑센터(KING'S VILLAGE)와 ABC 스토어를 지난다.

(4) 우르반 아웃피털스(URBAN OUTFITTERS) 건물을 왼쪽으로 두고 직진한다.

(5) 오른쪽 45도 방향으로 와이키키 비치가 보인다.

와이키키 비치
어떻게 즐겨볼까?

듀크 카하나모쿠 동상(Duke Kahanamoku Statue)

1920년 안트베르펜 올림픽 금메달리스트 듀크 카하나모쿠(1890~1968)를 기리기 위한 동상이다. 하와이 출신인 듀크 카하나모쿠는 서핑의 창시자이며 서핑의 아버지다. 그는 올림픽 출전 이후 와이키키에 서핑클럽을 열고, 영화에 출연하면서 전 세계에 하와이와 서핑을 알렸다. 현재도 하와이 곳곳의 상점들에는 그의 얼굴이 그려진 셔츠를 팔고, 그의 이름을 딴 레스토랑과 서핑대회를 열면서 하와이 영웅으로 그를 기리고 있다. 듀크 카하나모쿠 동상은 하와이를 찾은 여행자들이라면 꼭 '인증샷'을 찍는 장소다. 하와이 여행의 첫날에 그의 영웅 동상을 찾아 카메라 셔터를 힘껏 눌러보자.

포트 드루시 비치(Fort Derussy Beach)

야자수 그늘, 잔디밭, 비치발리볼 경기장 등을 고루 갖추고 있어 비치발리볼, 서핑 등의 액티비티와 피크닉을 함께 즐길 수 있다. 한산한 분위기의 해변을 원한다면 해 질 녘에 방문해보자.

> **Tip** 포트 드루시(Fort Derussy)
>
> 남북전쟁 당시 워싱턴 D.C.를 방어하기 위해 구축한 요새다. 미국에서 잘 보존된 요새 중 하나로, 포트 드루시 비치는 이 요새의 이름을 따서 붙인 것이다.

와이키키 비치(Waikiki Beach)

하와이 최초의 호텔인 모아나 서프라이더 웨스틴 리조트, 로얄 하와이안 센터, 쉐라톤 와이키키 호텔 근처 해변을 말한다. 쿠히오 비치를 따라 이동할 수도 있고, 모아나 서프라이더 웨스틴 리조트 로비를 지나 이동할 수도 있다.

쿠히오 비치(Kuhio Beach)

와이키키 비치라고 하면 통상 쿠히오 비치를 말한다. 명실상부 가장 활발한 해변으로 곳곳에 서핑 레슨, 비치발리볼 경기장 등이 마련되어 있으며, 방파제가 거센 파도를 저지하기 때문에 가족 단위의 여행객들이 편안하게 물놀이를 즐길 수 있다.

쿠히오 비치 토치라이팅 훌라쇼(Kuhio Beach Torchlighting & Hula Show)

쿠히오 반얀 트리에서 펼쳐지는 무료 공연이다. 횃불 세리머니와 라이브로 연주되는 음악과 함께 훌라춤을 관람할 수 있다. 유료 공연장에 비하면 다소 단출하기도 하지만 하와이의 전통을 느끼기에는 충분하다. 비가 오거나 특별한 일이 아니면 공연을 즐길 수 있다.

시간: 18:30~19:30(2~10월), 18:00~19:00(11~1월) **요일:** 화·목·토 **전화번호:** 808-954-8652 **장소:** 쿠히오 비치 훌라 마운드(Kuhio Beach Hula Mound)

> **쿠히오**(Kuhio, 1871~1922)
>
> 쿠히오는 1893년에 하와이가 미국에 합병되기 전까지 하와이 왕국의 황태자였다. 왕족제도가 폐지된 후에는 하와이를 대표해 미합중국의회에 최초로 출석했던 인물이기도 하다. 하와이는 쿠히오의 탄생일인 3월 26일을 공휴일로 지정해 축제를 즐긴다.

번화하고 활기찬 와이키키의 심장,

칼라카우아 거리

Kalakaua Avenue

와이키키의 심장인 칼라카우아 거리는 와이키키 비치와 나란히 자리를 하고 있는 오아후 섬의 최대 번화가로, 동쪽의 카피올라니 공원부터 칼라카우아 대왕 동상까지 약 3km의 거리를 이른다. 최고급 호텔과 레스토랑, 바뿐만 아니라 T 갤러리아, 빅토리아 시크릿, 세포라, 아르마니 익스체인지, 코치, 인터내셔널 마켓 플레이스 등 일일이 열거하기 어려울 정도로 많은 매장들이 즐비해 있다. 또한 칼라카우아 거리의 중심인 모아나 서프라이더 호텔 앞에서는 무료로 콘서트도 즐길 수 있다.

와이키키 비치에 근접해 있어 낮에는 수영복이나 서핑보드를 메고 가는 사람들, 쇼핑을 즐기거나 맛집을 찾아가는 여행자들을 쉽게 볼 수 있다. 칼라카우아 거리는 해가 지고 나면 횃불을 밝혀 몽환적인 폴리네시아 분위기로 탈바꿈된다. 특히 야자

수 나무 사이로 붉은 석양이 비치는 거리에 현란한 춤을 추는 예술가들과 우쿨렐레를 연주하는 악사들이 모여 있어 가장 이국적인 분위기를 느낄 수 있다.

최대 번화가답게 연중 축제로도 유명하다. 미국 내 인구 대비 가장 많은 양의 스팸이 팔리는 것을 기념하기 위해 4월 말에 열리는 스팸 잼 축제(Spam Jam Festival), 9월 중순 하와이 왕실 대관식과 오프닝 세리머니, 꽃 퍼레이드와 함께 40일 동안 가장 성대하게 펼쳐지는 알로하 축제(Aloha Festival)가 대표적이다. 사람 구경, 쇼핑, 맛집 탐방, 크고 작은 페스티벌 등 칼라카우아 거리는 1년 내내 낮과 밤을 아름답게 즐길 수 있는 거리다. 하와이 여행 첫날 가장 번화한 칼라카우아 거리를 찾아보자. 진한 감동과 설레는 열정을 안겨줄 것이다.

이용 안내

스팸 잼 축제 하와이 대중음식 중 하나인 스팸을 주제로 칼라카우아 거리에서 스팸 요리와 쇼를 선보이는 축제다. ◆홈페이지: www.spamjamhawaii.com 알로하 축제 1946년부터 시작되었으며 하와이 최대 규모의 축제로 40일간 진행된다. 훌라 공연, 음식 시식, 전시회 등과 함께 9월 셋째 주 토요일에 가장 화려한 퍼레이드가 펼쳐진다. ◆홈페이지: www.alohafestivals.com

Tip 칼라카우아 왕(Kalakaua King, 1836~1891)

1874~1891년까지 하와이를 통치한 마지막 국왕이다.
1891년 신병치료차 샌프란시스코를 방문했다가 병으로
죽음을 맞이했다. 훌라, 서핑, 하와이 무술. 우쿨렐레를
부활시켰으며, 하와이 왕국의 국가인 〈하와이 포노이〉
를 작사하기도 했을 만큼 예술적 재능이 뛰어났다.

동영상 와이키키의 심장
'칼라카우아 거리'

✎ 느낌 한마디

칼라카우아 거리는 열정이 넘치는 거리다. 마치 여름 성수기 때 한국의 해운대 거리와 비슷하다.
거리를 활보하는 비키니 차림의 8등신 구릿빛 여인들, 보기만 해도 기분이 좋아지는 탄탄한 근육
질 몸매의 건장한 남성들, 서핑을 끝내고 호텔로 돌아가는 서퍼들, 이곳저곳 자유롭게 돌아다니는
여행자들로 거리는 인산인해를 이룬다. 줄지어 서 있는 사람들로 가득한 맛집, 현대적 인테리어로
고급화된 명품관, 맥주 한잔으로 해변을 불태우는 레스토랑은 칼라카우아 거리가 주는 또 다른 즐
길거리다. 낮 동안 예열된 거리는 횃불로 밤을 밝히며 더욱더 불야성을 이룬다. 거리마다 들리는
리드미컬한 우쿨렐레 소리와 예술가들의 인상적인 팬터마임은 지나는 관광객의 발길을 부여잡기
바쁘다. 데워진 배터리가 폭발하듯 그렇게 칼라카우아 거리는 24시간 불을 밝히며 와이키키의 심
장이 된다. 여행 첫날의 피로를 모두 잊은 채 칼라카우아 거리의 열정에 취해 꽤 오래 거리를 활
보했다.

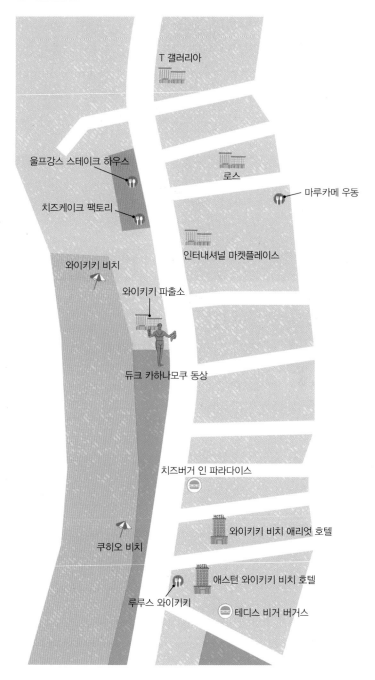

T 갤러리아

울프강스 스테이크 하우스

로스

마루카메 우동

치즈케이크 팩토리

인터내셔널 마켓플레이스

와이키키 비치

와이키키 파출소

듀크 카하나모쿠 동상

치즈버거 인 파라다이스

와이키키 비치 애리엇 호텔

쿠히오 비치

애스턴 와이키키 비치 호텔

루루스 와이키키

테디스 비거 버거스

칼라카우아 거리
어떻게 즐겨볼까?

카피올라니 공원(Kapiolani Park)
약 36만 평으로 하와이에서 가장 큰 규모이자 1876년에 건립된 가장 오래된 공원이다. 넓은 잔디밭에서는 피크닉을, 반얀트리 거리에서는 산책을 즐길 수 있는 최고의 힐링 장소다. 공원에는 다양한 스포츠 공간이 있으며, 동물원과 수족관까지 갖추고 있다. 하와이에서 열리는 대부분의 축제와 공연은 카피올라니 공원에서 진행된다. 특히 하와이의 사랑과 우정을 상징하는 레이를 테마로 한 레이 데이 셀러브레이션(Lei Day Celebration)이 5월 1일 카피올라니 음악당에서 펼쳐진다. 그 밖에 레이 만들기, 훌라 배우기, 수공예품 전시, 레이 여왕 선발대회, 하와이 전통게임 등을 체험할 수 있다.

 Tip1 호놀룰루 동물원(Honolulu Zoo)
가족 단위 여행자들은 한번쯤 들러 볼 만한 곳으로 하와이 새인 네네(nene), 홍학, 코끼리, 기린, 흙 멧돼지, 사자, 호랑이 등 900여 종의 동물들이 있다. 동물원 내 케이키 쥬(keiki zoo)는 어린이들을 위한 동물원으로, 염소 등 몇몇 동물들을 직접 손으로 만져볼 수 있다.
관람시간: 09:00~16:30 **입장료:** 3~12세 $6, 13세 이상 $14 **홈페이지:** honoluluzoo.org

Tip2 와이키키 수족관(Waikiki Aquarium)
어린이들을 위한 수족관으로 적은 규모이지만 산호, 조개류, 식물 등 다양한 생물을 갖추어 놓았으며 원주민들이 사용했던 낚시 도구를 전시해놓기도 했다.
관람시간: 09:00~16:30 **입장료:** 3~12세 $5, 13세 이상 $12 **홈페이지:** www.waikikiaquarium.org

치즈버거 인 파라다이스 (Cheese Burger in Paradise)

와이키키의 대표 버거집이다 .일반 패스트푸드 버거와는 다르게 남다른 육즙을 자랑하며 입안 가득 톡톡한 맛을 자아낸다. 특히 치즈버거는 두툼한 고기, 파인애플, 치즈, 야채가 곁들여져 최고의 맛과 한 끼 식사로도 손색이 없을 만큼 많은 양을 자랑한다.

인터내셔널 마켓플레이스 (International Market Place)

60년 전통의 인터내셔널 마켓플레이스는 전문 백화점 삭스 피프스 애비뉴(Saks Fifth Avenue)를 비롯해 60여 개 매장과 10개의 대형 레스토랑 및 푸드코트가 있다. 현재는 재개발중으로 와이키키 내의 쇼핑, 요식업, 엔터테인먼트의 중심가 역할을 했다.

영업시간: 영업점마다 상이(2016년 9월 오픈 예정) **주소:** 2330 Kalakaua Ave., Honolulu, HI 96815 **전화:** 808-931-6105 **홈페이지:** www.shopinternationalmarketplace.com

 Tip 테디스 비거 버거스
(Teddy's BiggerBurgers)

테디스 비거 버거스는 하와이 3대 버거 중 하나로, 100% 신선한 냉장육을 다져 사용한다. 버거는 주문을 받으면 바로 수제 패티를 사용해 조리한다. 테디스 비거 버거스의 특제 소스인 슈퍼 소스는 달콤하고 톡 쏘는 맛이 난다. 오전 7시 30분부터 영업을 하지만, 아침에는 햄버거를 제외한 팬케이크, 오믈렛 등만 주문 가능하다.

영업시간: 07:30~11:30 **버거 영업:** 월~목 10:00~21:00, 금~일 10:00~22:00 **주소:** 134 Kapahulu Ave., Honolulu, HI 96815 **전화:** 808-926-3444 **홈페이지:** www.teddysbb.com **위치:** 호놀룰루 동물원 근처, 와이키키 그랜드 호텔(waikiki grand hotel) 1층

영업시간: 07:00~23:00 **가격:** 치즈버거 $3~, 오노 어니언 링 $8~ **주소:** 2500 Kalakaua Ave., Honolulu **전화:** 808-923-3731 **홈페이지:** www.cheeseburgerland.com

로얄 하와이안 센터(Royal Hawaiian Center)
로얄 하와이안 센터는 4층으로 이루어져 있으며 최고급 명품 부티크와 저가 브랜드, 특산품까지 구매 가능한 쇼핑몰이다. 고급 레스토랑, 패밀리 레스토랑, 푸드코트까지 한곳에 모여 있으며, 여행자들이 하와이문화를 접할 수 있도록 무료 문화 강좌(훌라, 레이 만들기, 우쿨렐레, 라이브 공연 등)도 마련되어 있다.

영업시간: 10:00~22:00 **주소:** 2201 Kalakaua Ave., Honolulu, HI 96815 **전화:** 808-922-2299 **홈페이지:** www.royalhawaiiancenter.com

치즈케이크 팩토리(Cheesecake Factory)
미시간 디트로이트에서 시작되었으며 지역신문에 나온 치즈 제조법에서 영감을 얻었다고 한다. 현재 미국 전역에서 가장 큰 체인 레스토랑으로 성장했다. 2003년에 오픈한 하와이 치즈케이크 팩토리는 칼라카우아 거리에서 가장 사람들로 붐비는 곳이다. 치즈케이크 이외에도 파스타, 피자 등의 음식도 판매한다.

영업시간: 월~목 11:00~23:00, 금~토 11:00~24:00, 일 10:00~23:00 **전화:** 808-924-5001 **가격:** 조각 케이크 $7~, 파스타 $15~ **홈페이지:** www.thecheesecakefactory.com **위치:** 로얄 하와이안 센터 1층

T 갤러리아

1960년 홍콩에서 설립되었으며 전 세계 420개 매장과 세계 주요 공항 면세점 18개를 운영하고 있다. 쇼핑 천국 하와이에서 가장 인기 있는 면세점으로 세금 없이 상품을 구매할 수 있기 때문에 많은 여행자들이 찾는다. 3개 층(1층 패션, 2층 뷰티, 3층 면세점)으로 이루어진 T 갤러리아에서는 세계 럭셔리 브랜드를 비롯한 다양한 제품을 만날 수 있다. 한국어가 가능한 직원들이 상주하므로 언어에 대한 두려움 없이 쇼핑을 즐겨보자.

영업시간: 10:00~22:30 **주소:** 330 Royal Hawaiian Ave., Honolulu, HI 96815 **전화:** 808-931-2700 **홈페이지:** www.dfs.com/en/tgalleria-hawaii

울프강스 스테이크 하우스(Wolfgang's Steakhouse)

40년 전통의 스테이크 맛집으로 최상급의 블랙앵거스 쇠고기만 사용한다. 레스토랑 내의 숙성실에서 28일 동안 고기를 숙성시켜 육질이 매우 부드럽다. 가격이 비싼 편이지만 전통 스테이크의 진수를 한번 맛보자. 방문시 예약은 필수다.

로스(Ross)

미국 전역에 매장을 가지고 있는 인기 할인 쇼핑 명소다. 의류·신발·모자·가구·침구류·생활용품·장난감 등 다양한 종류의 제품이 판매되고 있으며, 특히 여행용 캐리어(쌤소나이트 등) 제품을 저렴하게 구매할 수 있어 인기가 좋다.

영업시간: 일~목 11:00~22:30, 금~토 11:00~23:30 **전화:** 808-922-3600 **홈페이지:** www.wolfgangssteakhouse.net/waikiki **위치:** 로얄 하와이안 센터 3층

영업시간: 08:00~24:00 **주소:** 333 Seaside Ave., Honolulu **전화:** 808-922-2984 **홈페이지:** www.rossstores.com

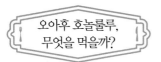

와이키키 비치와 함께 즐기는 로코모코,
루루스 와이키키
Lulu's Waikiki

호프집 같은 시끌벅적한 분위기의 레스토랑으로 식사는 물론 칵테일도 즐길 수 있
는 곳이다. 오픈되어 있는 형태이기에 점심시간에는 와이키키 비치의 바닷바람과 함
께 하와이 분위기를 만끽할 수 있고, 저녁시간에는 라이브 카페 분위기를 즐길 수 있
다. 와이키키 비치에 위치한 다른 레스토랑들과 비교할 때 가격이 저렴한 편이며 맛
또한 일품이다. 루루스 와이키키에서 인기 있는 메뉴는 로코모코, 코코넛 쉬림프, 데
리야끼 스테이크다.

특히 빅아일랜드 힐로(Hilo) 지역에서 시작된 로코모코는 접시에 밥, 돈가스 또는
햄버거 스테이크, 스팸, 달걀 프라이 등을 얹어서 먹는 하와이의 전통음식으로, 부드
러운 그레이비 소스(gravy sauce; 소고기나 닭고기에 곁들이는 소스)가 음식의 맛을 좌우한

다. 로코모코는 반숙으로 나오는 달걀 프라이가 특징이지만 다 익힌 것을 원한다면 로코모코를 주문시 "오버 하드(over hard)."라고 요청하면 된다. 하와이 여행의 첫날 첫 음식으로 가장 하와이다운 음식 로코모코를 즐겨보자.

한가로운 분위기나 더 저렴한 가격으로 음식을 즐기고 싶다면 해피아워인 오후 3~5시에 방문하면 된다.

이용 안내

◆ **영업시간:** 07:00~새벽 01:30 ◆ **가격:** $12~(세금 및 팁 미포함) ◆ **주소:** 2586 Kalakaua Ave., Honolulu, HI 96815 ◆ **전화:** 808-926-5222 ◆ **홈페이지:** www.luluswaikiki.com ◆ **위치:** 호놀룰루 동물원 건너편 ABC 스토어 2층

> **Tip** 해피아워(happy hour)
> 원래 디너 시작 전 음료 등을 할인해주는 서비스 타임을 의미한다. 레스토랑, 칵테일 바 등을 이용할 때 고객이 붐비지 않는 시간대, 즉 오후 3~5시 정도인 해피아워에 방문하면 저렴한 가격 또는 무료로 음식이나 음료를 즐길 수 있다.

> **느낌 한마디**
>
> 해피아워에 루루스 와이키키를 찾았지만 해변을 바라볼 수 있는 테라스 자리는 이미 만석이었다. 하와이 여행의 가장 큰 장점은 어디서든지 물을 무료로 마실 수 있다는 것이다. 다른 중남미 여행에서는 상상도 못할 일이다. 자리에 앉자마자 얼음이 가득 담긴 시원한 물이 놓인다. 직원의 무한 친절에 기분이 좋아졌다.
>
> 조금 기다리니 주문한 로꼬모꼬가 나왔다. 반숙된 달걀 프라이 속에 감춰진 함박스테이크가 부드럽다. 하얀 쌀밥을 소스에 비벼본다. 부드러운 스테이크와 반숙 달걀, 그리고 찰진 쌀밥이 절묘하게 조화를 이룬다. 플레이트(plate) 문화가 발달한 하와이에서 이보다 더 간편하고 맛난 음식이 있을까? 하와이에 머물며 끼니를 걱정할 때마다 자주 찾을 것 같은 느낌이다. 내려쬐는 햇빛에 테라스 밖으로 보이는 해변의 모래사장이 보석처럼 반짝인다. 직원들의 친절한 서비스와 맛있는 음식으로 내 마음에 보석이 들어찬 것처럼 해변이 눈부시다.

루루스 와이키키

어떻게 가야 할까?

① 듀크 카하나모쿠 동상에서 출발한다. 동상을 바라보면서 왼쪽 반얀 트리(동물원) 쪽으로 직진한다.

② 반얀 트리를 정면으로 바라보고 왼편으로 길을 건넌다.

③ 왼쪽에 치즈버거 파라다이스 인을 두고 직진한다.

④ 애스톤 와이키키 비치 호텔을 지난다.

⑤ 좀더 직진하면 ABC 스토어가 보인다. 2층이 루루스 와이키키 레스토랑이다.

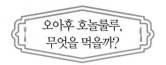
하와이안 푸드 무스비의 원조,
이야스메 무스비
Iyasume Musubi

일본인이 운영하는 하와이 대표 음식점의 하나로 무스비 전문점이다. 무스비는 오무
스비(おむすび, 일본식 주먹밥)에 스팸을 결합해 만든 하와이 스타일의 주먹밥으로, 무
스비는 식사 대용으로 여행자들뿐만 아니라 현지인들에게도 사랑받는 음식이다. 노
스쇼어 등에 갈 때 간식이나 식사 대용으로도 손색없다. 이야스메 무스비에서는 다
양한 종류의 무스비와 도시락 등을 알찬 가격에 즐길 수 있다. 다만 하루에 정해진
양만 판매하기 때문에 오후가 되면 인기 있는 무스비는 동이 나기도 한다는 점을 기
억해두자.

　다양한 종류의 무스비 중 스팸의 짭조름한 맛이 밥과 어우러진 스팸 무스비가 가
장 인기가 많다. 흰 쌀밥 위에 구운 스팸, 달걀, 베이컨 등을 얹어 김으로 싼 스팸 무

스비는 한 끼 식사로도 충분하다. 무스비는 버락 오바마 대통령도 즐겨 찾는 하와이 전통음식으로, 본토 원조 집인 이야스메 무스비에 방문해 무스비의 깊은 맛을 경험해보자.

이용 안내

◆**영업시간:** 06:30~20:00(연중무휴) ◆**가격:** 스팸 무스비 $1.88~ ◆**주소:** 2427 Kuhio Ave., Pacific Monarch Hotel G/F Honolulu, HI 96815 ◆**전화:** 808-921-0168 ◆**홈페이지:** tonsuke.com/eomusubiya ◆**위치:** 퍼시픽 모나크 호텔 1층

🖊 느낌 한마디

한국에 밥버거가 있다면 하와이에는 무스비가 있다. 쌀밥 위에 간이 적절하게 밴 햄을 올린 뒤 김으로 한 번 휙 감아 만든 주먹밥으로 든든한 간식거리이자 간편한 식사 대용이다. 어디서든 쉽게 살 수 있으며 편의점에서는 여러 가지 종류의 무스비를 갖추고 있기도 하다. 일단 한입 베어 물어보면 맛은 바로 평가된다. 찰진 쌀밥의 고소함과 스팸의 짭짤한 맛이 자꾸 입맛을 당겨 쉽게 손을 놓지 못한다. 장거리 여행을 떠나기 전 간식거리로 무스비를 챙기는 것도 좋은 방법이다.

이야스메 무스비는 원조답게 맛이나 정성 등에서 꾸밈없는 담백함이 느껴진다. 와이키키에 숙소를 정했다면 가까운 이야스메 무스비를 찾아 무스비뿐 아니라 다양한 종류의 도시락으로 가볍게 한 끼 식사를 해결하는 것도 여행의 묘미가 아닐까?

이야스메 무스비

어떻게 가야 할까?

(1) 듀크 카하나모쿠 동상을 정면으로 보고 선다. 왼쪽 45도 뒤편 하얏트 리젠시 호텔 쪽으로 걷는다.

(2) 하얏트 호텔 쪽으로 길을 건넌 후 호텔을 왼쪽으로 두고 직진한다.

(3) ABC 스토어가 보인다.

(4) 직진하면 '프린스 에드워드 거리(Prince Edward St)' 이정표가 보인다.

(5) 이정표를 따라 직진하면 왼편에 이야스메 무스비가 있다.

황홀한 일몰과 함께 즐기는 칵테일,
하우스 위드아웃 어 키
House Without a Key

하우스 위드아웃 어 키에서 볼 수 있는 루아우 쇼는 하늘을 수놓은 로맨틱한 석양과 고목나무 아래에서 펼쳐져서 영화의 한 장면처럼 황홀하다. 이미 여행자들 사이에서는 아름다운 일몰의 향연을 즐길 수 있는 최고의 장소로 정평이 나 있다. 유명한 만큼 해 질 녘에 이곳을 방문한다면 빈자리를 찾기 어려울지도 모른다.

맛난 저녁식사와 곁들여진 칵테일 한 잔, 그리고 하와이 전통음악과 함께 펼쳐지는 루아우 쇼라면 이미 당신은 하와이 여행의 최고 만찬을 즐기는 것이다. 너무나 아름다운 풍경에 시간이 그대로 멈추었으면 하는 바람이 일 정도다. 오아후 여행의 최고 저녁노을을 즐길 수 있는 하우스 위드아웃 어 키를 방문해 진한 하와이 여행의 소중한 추억을 담아보자.

참고로 '하우스 위드아웃 어 키'라는 가게 이름은 추리작가 얼 데어 비거스 (Earl Derr Biggers)의 찰리 챈 시리즈 중 첫 작품의 제목에서 가져왔다고 한다. 이곳을 찾기 전에 이름이 생겨난 유래를 알고 가는 것도 여행의 즐거움일 것이다. 하와이 여행의 첫날, 태평양의 아름다운 일몰을 볼 수 있는 하우스 위드아웃 어 키가 당신을 기다린다.

이용 안내

◆**영업시간:** 07:00~21:00, ◆**루아우 쇼:** 17:00~20:00 ◆**가격:** 칵테일 $12~, 쉬림프 $16~, 수제 버거 $22~(세금 및 팁 미포함) ◆**주소:** 2199 Kalia Rd., Honolulu ◆**전화:** 808-923-2311 ◆**홈페이지:** www.halekulani.com ◆**위치:** 와이키키 할레 쿨라니 호텔 내 1층 야외

✎ 느낌 한마디

이렇게 낭만적인 곳이 또 있을까? 자리를 잡은 모든 연인들의 얼굴에는 행복한 미소가 가득하다. 고목나무 아래에서 펼쳐지는 음악의 향연과 저 멀리 와이키키 비치부터 달려오는 석양이 낭만적인 분위기를 선사한다. 주위를 둘러보니 테이블마다 자리한 칵테일이 붉은 노을을 머금으며 더욱 더 강렬한 빛을 자아낸다. 옆 테이블의 연인들은 지그시 눈을 감고 잔잔한 음악과 일몰을 즐기고 있다. 모두들 감동의 물결이 가슴 한편마다 찾아드는 분위기다. 하와이를 홀로 찾은 내 옆자리에 강한 노을만이 벗이 되어 쓸쓸한 마음을 달래준다. 혼자 찾은 하와이의 첫날 밤이 고독하지만 더 아름다워지려는 몸부림이 가득한 날이다.

하우스 위드아웃 어 키
어떻게 가야 할까?

① 로얄 하와이안 센터 앞에서 길 건너 T 갤러리아를 보면서 왼쪽으로 직진한다.

② 왼편에 로얄 하와이안 센터를 두고 직진하면 '루어스 거리(LEWERS ST)' 이정표를 볼 수 있다.

③ 정면 횡단보도를 건너 왼쪽 와이키키 비치워크 건물 쪽으로 직진한다.

④ 와이키키 비치워크 건물 내 ABC 스토어가 보인다.

⑤ 맥주 전문점인 야드 하우스를 지나 계속해서 직진한다.

⑥ 제일 끝 지점까지 직진하면 할레쿨라이 호텔이
보인다.

⑦ 호텔 내부로 들어가 리셉션을 통과하면 왼편에 하
우스 위드아웃 어 키 입구가 있다.

130여 종의 다양한 생맥주를 즐길 수 있는 곳,
야드 하우스
Yard House

맥주 애호가들을 위한 공간으로 20년 전에 처음 만들어졌다. 미국 전역에 매장이 있는 인기 레스토랑이며 하와이 맥주부터 시작해 전 세계 맥주 130종 이상을 보유하고 있다. 바 형식으로 되어 있는 아메리칸식 레스토랑인데 대형 스크린을 통해 스포츠 경기도 관람할 수 있다. 특히 길이 93cm에 달하는 대형 파이프 생맥주는 야드 하우스의 자랑이자 또 다른 볼거리를 제공한다. 어떤 맥주를 주문해야 할지 잘 모르겠다면 6가지 맥주를 골고루 맛볼 수 있는 샘플러를 주문하거나 종업원들에게 추천을 받는 것도 방법이다.

　야드 하우스에서는 생맥주 이외에 정통 식사도 함께 즐길 수 있다. 하와이 맛집으로 정평이 나 있을 정도로 맛깔스러운 음식을 자랑한다. 대체로 야드 하우스의 음식은 양이 많으므로 하나를 주문한 뒤 부족하면 다시 주문하는 것이 현명하다. 시끌벅적한 미국식 분위기를 만끽하고 싶은 여행자들은 주저 없이 야드 하우스를 방문해보자. 여행자들에게 또 다른 여행의 묘미를 안겨줄 것이다. 좀더 조용한 분위기나 알찬 가격으로 즐기고 싶다면 해피아워에 방문하는 편이 좋다.

이용 안내

◆ **영업시간:** 월~목, 일 11:00~새벽 01:00, 금·토 11:00~새벽 01:20 ◆ **해피아워:** 월~금 14:00~17:30, 일~수 22:30~새벽 01:00 ◆ **가격:** 런치 $14~, 디너 $20~, 아이피에이 샘플러 $11~ ◆ **주소:** 226 Lewers St., Honolulu ◆ **전화:** 808-923-9273 ◆ **홈페이지:** www.yardhouse.com ◆ **위치:** 와이키키 비치워크 내

Tip1

맥주 잔 종류: 쇼티(shorty: 작은 잔), 고블릿(goblet: 받침 달린 잔), 파인트(pint: 손잡이가 달린 유리잔), 하프 야드(half yard: 긴 잔)
샘플러 종류: 트래디셔널(traditional), 아이피에이(India Pale Ale, IPA), 벨지만(belgian)

Tip2

우리나라와는 다르게 하와이는 해변에서 술을 마시는 것이 불법이다. 그러니 편의점이나 슈퍼에서 맥주를 사서 해변에서 마시는 일은 없도록 주의하자.

✎ 느낌 한마디

다양한 맥주를 즐기려는 여행자들의 발길로 낮부터 야드 하우스가 시끄럽다. 메뉴판에 적혀 있는 맥주를 다 맛보려면 와이키키에 한 달 동안 머무른다고 해도 부족할 거 같다. 어느 것을 마셔볼까 고민하다가 샘플러를 주문해본다. 6종류의 맥주가 각기 다른 색깔과 맛을 보여준다. 양도 생각보다 많다. 시원한 맥주 한 잔으로 가슴까지 전해지는 싸한 기분을 즐겨본다.
술을 잘 못 마시는 사람이라면 아이피에이 샘플러보다는 부드러운 트래디셔널 샘플러를 추천한다. 아이피에이 샘플러는 설명서까지 함께 나오지만 트래디셔널 샘플러보다 좀더 진하고 쓴맛이 강하기 때문에 맥주 마니아들에게 더 환영받는 샘플러이다. 맥주 창고나 다름없는 야드 하우스를 방문해 하와이 여행의 낭만을 즐기고 여행의 피로를 풀어보자.

야드 하우스

어떻게 가야 할까?

① 로얄 하와이안 센터 앞에서 길 건너 T 갤러리아를 보면서 왼쪽으로 직진한다.

② 왼편에 로얄 하와이안 센터를 두고 직진하면 '루어스 거리' 이정표를 볼 수 있다.

③ 정면 횡단보도를 건너 왼쪽 와이키키 비치워크 건물 쪽으로 직진한다.

④ 와이키키 비치워크 건물 내 ABC 스토어가 보인다.

⑤ ABC 스토어를 지나 직진하면 야드 하우스가 보인다.

KING
DAVID KALAKAUA
1836 — 1891

둘째 날
오아후의 심장이자 행정의 중심지,
다운타운

HAWAII

여행을 하며 현지인들의 사는 모습이 소담스럽게 모여 있는 곳을 볼 수 있다. 여행자들은 낯선 여행지의 모습을 통해 새로운 멋에 빠지기도 한다. 오늘은 번잡한 와이키키를 벗어나 또 다른 하와이의 모습을 담아보자. 행정의 중심지 다운타운에는 하와이 왕족의 모습이 남아 있으며, 해변에서 느낄 수 없는 또 다른 분위기를 느낄 수 있다. 곳곳에 남겨진 하와이 왕국의 잔해와 현대적 건물들이 공존하는 다운타운은 여행자들에게 새로운 모습을 선물할 것이다.

일정 한눈에 보기

| 알로하 타워 | ▶ | 차이나타운 | ▶ | 이올라니 궁전 | ▶ |

| 주정부청사 |

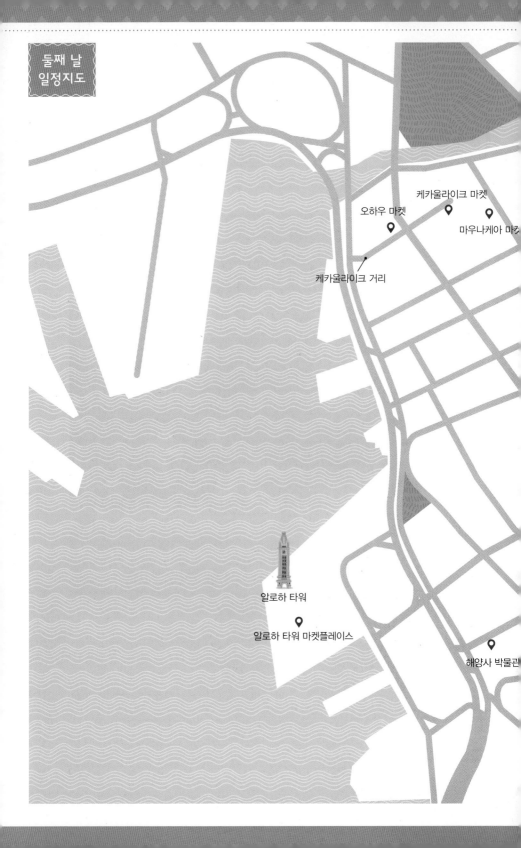

둘째 날
일정지도

케카울라이크 마켓

오하우 마켓

마우나케아 마ㅋ

케카울라이크 거리

알로하 타워

알로하 타워 마켓플레이스

해양사 박물관

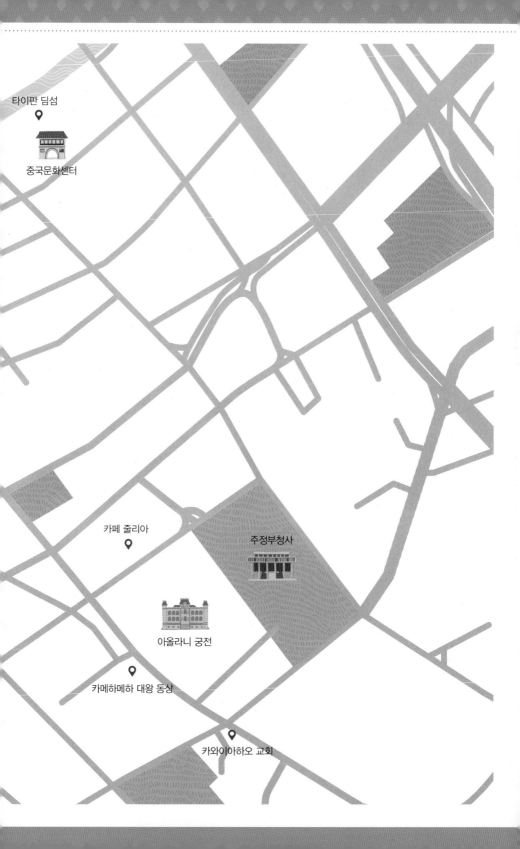

전망대로 탈바꿈한 호놀룰루 항의 랜드마크,

알로하 타워
Aloha Tower

정면에 'ALOHA'라는 글자가 적혀 있는 알로하 타워는 1926년 건축 당시 16만 달러라는 천문학적인 비용을 들여 고딕 건축양식으로 지어졌다. 56m 높이로 40년 동안 하와이에서 가장 높은 건물이었으며, 타워 시계는 미국에서 가장 큰 시계였다고 한다. 알로하 타워는 해상시대 때 오아후 방문자를 위한 관문이자 등대 역할을 했지만, 공항이 생긴 후 등대로서의 역할을 마치고 전망대로 다시 태어나 호놀룰루의 상징으로서 옛 명성을 이어가고 있다.

알로하 타워의 10층 전망대에서는 호놀룰루 다운타운의 멋진 모습과 아름다운 항구를 한눈에 감상할 수 있다. 특히 토요일 저녁에는 전망대 개방 시간이 밤 10시까지 연장되기 때문에 호놀룰루 야경을 보기 위한 관광객의 발길이 이어진다. 토요일에 알로하 타워 마켓플레이스에서 쇼핑을 하고, 근처 고급레스토랑에 저녁식사를 즐긴 뒤 알로하 타워 전망대를 방문해도 좋다. 수천 명의 이민자들을 맞이해주었던 자유의 상징이 뉴욕에 있는 자유의 여신상이라면, 하와이 이민자들을 환영하며 따뜻하게 맞이한 상징은 알로하 타워라고 할 수 있을 것이다. 호놀룰루의 랜드마크 알로하 타워를 방문해 소중한 시간을 즐겨보자.

이용 안내

◆ **개방시간:** 일~금 09:30~17:00, 토 09:30~22:00 ◆ **입장료:** 무료(주차료 $1.5~) ◆ **주소:** 155 Aloha Mo ana Blvd, Honolulu, HI 96813 ◆ **전화:** 808-544-1453 ◆ **홈페이지:** www.alohatower.com

 Tip 둘째 날 일정, 취향에 맞는 교통수단 선택하기
① 더 버스 이용
② 와이키키 트롤리 중 레드라인 이용
와이키키 T 갤러리아에서 차량 탑승(08:45) → 주정부청사 및 이올라니 궁전 → 차이나타운 → 알로하 타워 관광
③ 렌터카 이용: 렌터카를 이용할 경우 5일차 일정인 진주만을 함께 둘러보는 것이 좋다.

동영상 호놀룰루의 상징 '알로하 타워'

🖊 느낌 한마디

와이키키의 번잡함을 잠시 뒤로 하고 고즈넉한 풍광을 마음껏 즐겨본다. 타워에서 바라본 호놀룰루는 어느 쪽을 바라보느냐에 따라 각기 다른 모습을 보여준다. 한쪽에는 구름과 맞닿아 있을 정도로 높이 솟은 빌딩들이 하와이의 발전상을 전해주고, 긴 경적 소리와 함께 떠나는 항구의 배는 하와이의 또 다른 미래를 알려준다. 타워에서 바라본 바다는 푸른 물감을 풀어놓은 것처럼 맑고 청명한 자태를 뽐내고 있고, 저 멀리 하얀 구름이 걸려 있는 산은 마치 한 폭의 수채화 같았다. 이곳을 방문하지 않고 아름다운 호놀룰루를 한눈에 담을 수 있을까? 알로하 타워에서 바라본 하와이의 정취가 가슴 깊이 간직될 것 같다.

알로하 타워

어떻게 가야 할까?

▶ 더 버스로 이동하는 방법

(1) 와이키키 쿠히오 거리에서 19번, 20번 버스를 탄다.

(2) 안내에 따라 알로하 타워 마켓플레이스에서 하차한 후 뒤편 횡단보도를 건넌다.

(3) 횡단보도를 건너면 오른쪽에는 아소시아 하와이 (Asscocia Hawaii) 건물이, 45도 왼쪽에는 알로하 타워가 보인다.

(4) 왼쪽 횡단보도를 건넌다.

(5) 알로하 타워 마켓플레이스 입구로 진입해 직진 후 오른쪽으로 이동하면 알로하 타워 입구다.

▶ 트롤리 레드라인을 타고 이동하는 방법

와이키키 T 갤러리아에서 탑승 후 알로하 타워 마켓플레이스에서 하차한다.

▶ 렌터카로 이동하는 방법

내비게이션에 주소(1 Aloha Tower Drive)를 입력한 후 이동한다. 와이키키에서 약 10분 정도 소요된다. 알로하 타워 마켓플레이스 주차장에 주차한 후 도보로 알로하 타워까지 이동하면 된다.

알로하 타워

어떻게 즐겨볼까?

알로하 타워에 들어가면 보안직원이 관람객들이 소지한 가방을 검사한다. 가방 검사가 끝나면 정면의 엘리베이터를 타고 10층 전망대로 올라가 확 트인 바다와 항구, 호놀룰루 전경을 감상할 수 있다.

2층 규모의 쇼핑몰로 과거의 명성은 사라졌지만 후터스, 고든 비어쉬 브루어리 등의 레스토랑과 로컬 브랜드숍이 있다. 와이키키의 활기 넘치는 분위기에서 벗어나 차분한 분위기를 느끼고 싶다면 한 번 찾아볼 만하다. 주차는 유료지만 레스토랑이나 매장에 주차권을 제시하면 할인받을 수 있다.

영업시간: 07:30~22:00 주차료: 3시간 $1.5~

112

고든 비어쉬 브루어리(Gordon Biersch Brewery)

직접 양조하는 미국 맥주회사 고든 비어쉬의 맥주를 판매하는 레스토랑으로 와이키키와 다른 한가한 분위기를 즐길 수 있다. 한적한 바다 풍경, 친절한 서비스, 맛난 음식들을 원한다면 고든 비어쉬 브류어리 레스토랑을 찾아보자.

후터스 앞 크루즈 투어

알로하 타워에서 내려온 후 오른쪽으로 조금 걸어가면 크루즈 선착장이 나온다. 낮에도 크루즈 투어가 진행되지만, 무엇보다 라이브 음악과 훌라 쇼를 즐기면서 떠나는 디너크루즈가 유명하다. 크루즈 식사는 가격에 따라 코스가 다양하다. 석양을 즐기며 하와이 문화를 즐기고 싶다면 한 번쯤 즐겨볼 만하다.

영업시간: 일~목 11:00~23:00, 금 11:00~24:30, 토 11:00~24:00

해양사 박물관(Hawaii Maritime Center)

7번 부두 쪽에 위치한 해양사 박물관에는 하와이 왕국 선박부터 포경산업까지를 전시·분류해놓았다. 관람객들이 많지 않아 가끔 문이 잠겨 있기도 하다.

폴스 오브 클라이드(Falls of Clyde) 호

1878년에 건조된 범선 형태의 유조선으로 전 세계에서 유일하게 남아 있는 배다. 현재는 관광객을 위한 관상용으로 사용되고 있다.

주소: 101-155 Aloha Tower Dr. Honolulu **홈페이지:** www.friendsoffallsofclyde.org

---

 하와이 한국인 이민사

19세기 중반 하와이 사탕수수 농장의 폭발적 증가로 아시아 계약 노동자들을 수입하게 되었다. 1902년 12월 22일 인천 내리 교회 신도들로 구성된 이민단 121명이 제물포 항을 떠났지만 일본에서의 신체검사, 안질로 인한 입국 거부로 86명만이 호놀룰루에 상륙하게 되었다. 이후 계속적인 증가로 2년 만에 7,800명까지 늘어나면서 하와이 이민 역사가 시작되었다. 현재 하와이 인구의 4%에 해당하는 한인 인구는 소수민족으로 자리를 잡으며 하와이에 높은 문화적 공헌에 기여하고 있다.

 7번 부두와 9번 부두 사이

한국 이민자들이 1903년 이 부두를 통해 하와이 땅을 밟았다. 지금은 황량한 부두이지만 100여 년 전으로 돌아간다면 우리 한국인의 이민사가 그대로 남아 있는 곳이다.

하와이 속 작은 중국을 느낄 수 있는 곳,

차이나타운
China Town

하와이 차이나타운은 오랜 역사를 자랑한다. 19세기 사탕수수농장의 노동력 부족으로 중국인들이 하와이로 왔고, 계약 만료 후 이민자들이 이 지역에 거주하면서 그 역사가 시작되었다. 차이나타운은 1886년 화재와 1900년 페스트 감염으로 건물을 불태우면서 많은 부분들이 파괴되었고, 재건된 건물은 제2차 세계대전으로 다시 파괴되었다. 하지만 1960년에 하와이 국립은행을 설립하고, 1996년에는 하와이 극장을 복원해 재개장하면서 지속적인 발전을 거듭해 현재의 모습을 갖추었다.

호놀룰루 서쪽에 위치한 차이나타운은 약초상, 골동품점, 식당 등이 어우러지면서 하와이에서 가장 중국다운 모습을 보여주고 있으며, 케카울라이크 거리를 중심으로 이국적인 과일·해산물·야채 가게 등이 빼곡히 들어서 있다. 레스토랑에서는

중국의 대표 음식인 딤섬을 비롯해 베트남식·말레이시아식·프랑스식 등의 다양한 음식들을 판매하고 있다. 매월 첫째 주 금요일에는 누우아누 거리와 베델 거리에서 축제를 열어 예술문화공간의 구심점 역할도 수행하고 있으며, 하와이 극장에서 밤마다 라이브 음악과 공연이 펼쳐져 오아후의 밤 문화를 만끽할 수 있다. 상점들이 일찍 문을 열고 일찍 닫기 때문에 오후에는 한산하지만 해가 지고 나면 지하의 술집, 클럽 등이 문을 열고 밤 문화를 책임지기도 한다. 차이나타운에 들러 하와이 속 작은 중국을 느껴보자.

이용 안내

◆ **영업시간:** 가게마다 상이(대부분 07:00~15:00) ◆ **주소:** Kekaulike St., Honolulu

✏ 느낌 한마디

거리 하나를 지났을 뿐인데 완전히 다른 세상에 온 듯하다. 오던 길을 돌아보면 하와이 모습이 완연한데, 고개를 돌리니 건물마다 붉은 등이 가득하다. 좀 전까지 들리던 영어는 온데간데없고 곳곳에서 중국어 소리만 들려온다. 하와이 안에 중국 시장 한편을 그대로 옮겨놓은 듯 건물들도 중국풍 일색이다. 마켓 안으로 들어가니 말도 안 될 정도로 저렴한 가격의 신선한 생선들을 판매하고 있다.

중국문화센터로 발길을 옮겨본다. 사람들이 삼삼오오 모여 있는 곳은 여지없이 카드게임이 한창이고, 센터 곳곳에는 딤섬 식당들이 자리를 차지하고 있다. 오늘 점심은 차이나타운에서 오리지널 딤섬으로 해결해야겠다. 차이나타운을 둘러보다 문득 '저들은 왜 가는 곳마다 타운을 형성해 그들만의 독특한 자리를 틀고 있을까?'라는 생각이 들었다. 이런 생각에 빠져 있을 때 하와이에 자리를 튼 차이나타운이 길게 숨을 고르며 그들의 기운을 전해주었다.

차이나타운
어떻게 가야 할까?

▶ 더 버스로 이동하는 방법

① 와이키키 쿠히오 거리에서 2번, 9번, 13번, 20번 버스를 탄다.

② 2번, 9번, 13번 버스를 탈 경우 마우나케아 마켓에서 하차하며, 20번 버스를 탈 경우에는 노스 호텔 거리(N. Hotel St.)에서 하차한다. 20번 버스보다 2번, 9번, 13번 버스를 이용하는 것이 편리하다.

▶ 렌터카로 이동하는 방법

① 주소(Kekaulike St.)를 입력한 후 이동한다.

② 케카울라이크 거리 초입에 있는 공용주차장에 주차한 후 도보로 이동한다(3시간 $5~).

▶ 알로하 타워 구경 후 도보로 이동하는 방법

① 알로하 타워 마켓플레이스 정문을 등지고 직진한다.

② 도로에서 왼편으로 이동한다. 10분 정도 이동하면 차이나타운 이정표가 보인다.

③ 이정표를 따라 이동하면 케카울라이크 거리 입구다.

▶ 트롤리 레드라인을 타고 이동하는 방법

와이키키 T 갤러리아에서 탑승 후 차이나타운에서 하차한다.

차이나타운
어떻게 즐겨볼까?

케카울라이크 거리(Kekaulike Street)

차이나타운의 중심 거리로 정육점, 야채가게, 생선가게 등이 빼곡히 자리하고 있다. 이곳에서 저렴한 가격에 과일들이 거래되니 간식거리를 구입해도 좋다.

오아후 마켓(Oahu Market)

케카울라이크 거리의 대표 마켓으로 거리 초입에 위치한다. 가게에서는 야채, 과일, 고기 등을 판매한다. 가볍게 둘러보는 것만으로도 또 다른 여행의 묘미를 즐길 수 있다.

영업시간: 07:00~15:00

마우나케아 마켓(Maunakea)

케카울라이크 거리 끝 지점에 위치하며 이곳 역시 야채, 과일, 생선 등을 판매한다. 가게 안쪽에 푸드 코트가 있어 가볍게 한 끼 식사를 해결할 수 있다.

영업시간: 07:00~15:00

케카울라이크 마켓(Kekaulike)

오아후 마켓 맞은편에 있으며, 야채, 과일, 생선 등을 판매한다. 안쪽 푸드코트에서 신선한 생선을 재료로 만든 음식들을 판매하고 있으며, 포크볼로 유명한 마구로 브로스(Maguro Bros) 가게도 있다.

중국문화센터(Chinatown Cultural Plaza)

조상이나 가족을 위해 기도를 올릴 수 있는 제단이 조성되어 있으며, 주변에는 수많은 딤섬 가게들이 자리를 차지하고 있다. 내부로 들어가면 향을 피우며 기도를 하는 중국인들의 모습도 종종 볼 수 있다.

> **Tip** 중국문화센터 도보로 가는 방법
>
> 마우나케아 마켓 정면을 보고 오른쪽으로 직진하다가 'JOS.P. MENDOCA'라는 건물이 보이면 왼쪽으로 꺾은 뒤 직진한다. 직진 후 두 번째 횡단보도에서 45도 왼쪽을 보면 중국문화센터가 보인다.

이제는 박물관이 된 미국 내 유일한 왕궁,

이올라니 궁전
Iolani Palace

'신성한 새'라는 뜻을 가진 이올라니 궁전은 1882년에 지어진 미국 내 유일한 근대 역사적 건축물이다. 칼라카우아 왕이 유럽 여행을 하면서 하와이에 어울리는 현대적인 궁전을 꿈꾸며 빅토리아 피렌체 양식으로 지었다고 한다. 1882년부터 1893년까지 이올라니 궁전에서 칼라카우아 왕과 릴리우오칼라니(Liliuokalani) 여왕이 살았으며, 하와이 왕국이 전복된 후에는 1969년까지 국회의사당으로 사용되었다. 이후 오랜 시간 파손된 채 방치되어 있다가 대대적인 보수작업을 거쳐 1978년 일반인에게 박물관으로 공개했다. 궁전 내부를 둘러보려면 사전 예약을 해야 한다.

이올라니 궁전에는 하와이 최초로 전등 시스템과 수세식 화장실, 구내용 전화가 설치되었다고 한다. 궁전의 지하층에는 칼과 장신구, 왕과 왕비가 사용했던 2개의 금관, 하와이 왕족의 화려한 의복이 전시되어 있으며, 1층에는 코아나무로 만든 계단, 하와이 왕족의 초상화, 당시에 사용했던 화려한 장식의 가구, 세계 각국에서 온 선물과 장신구와 작곡을 위한 연주용으로 사용한 코아나무 피아노가 보존되어 있다. 매주 금요일 12시에는 궁전 내 뜰에서 로열 하와이안 밴드의 무료 공연도 펼쳐지며, 궁전 남쪽으로는 알리이 올라니 할레, 카메하메하 동상, 궁전 뒤편에는 주정부 청사, 동쪽으로는 카와이아하오 교회 등의 관광명소가 근접해 있다. 미국 내 유일한 왕궁에서 하와이 왕조의 역사와 문화를 느껴보자.

이용 안내

◆**영업시간:** 월~토 09:00~16:00, 일요일 및 공휴일 휴무 ◆**오디오 투어:** 월 09:00~16:00, 화~목 10:30~16:00, 금~토 12:00~16:00 ◆**가이드 투어:** 화~목 09:00~10:00, 금·토 09:00~11:15 ◆**입장료:** 성인 $12, 만 5~12세 $5, 오디오 투어 성인 $14.75 만 5~12세 $6 가이드 투어$21.75 ◆**주소:** 364 south king St., Honolulu, HI 96813 ◆**전화:** 808-522-0832 만 5~12세 $6 ◆**홈페이지:** www.iolanipalace.org

> **Tip**
>
> 티켓에 투어시간이 적혀 있다. 가이드 투어는 15분마다, 셀프오디오 투어(한국어 지원)는 10분마다 있다. 셀프 오디오는 실내 지도와 함께 번호가 표시되어 있어 플레이 버튼을 누르면 안내가 나온다.

> ✏ 느낌 한마디
>
> 궁전 내부에는 하와이 왕조의 독특하고 창조적인 문화가 고스란히 남아 있었다. 백악관보다 더 빠르게 전기를 이용했다는 것만 보아도 하와이 왕국의 선진 문화에 대한 개방 의식을 알 수 있었다. 선진 문화를 일찍부터 받아들인 그들의 개방 의식에 감탄을 자아내본다. 가이드 투어를 신청할까 고민하다가 오디오 투어를 신청했는데 만족적이었다. 한국어가 지원되어 하와이 왕국에 대한 내용을 자세하게 이해할 수 있었고, 특히 전 클린턴 대통령이 하와이 주를 합병한 것에 대한 애도의 뜻을 전하는 내용이 인상적이었다.
> 1시간 정도의 오디오 투어를 마치고 나오니 오랜 세월을 반영이라도 하듯 반얀 트리가 끝없이 넓은 그늘을 만들어주고 있다. 하와이를 방문한다면 이올라니 궁전은 꼭 보아야 할 곳이다. 하와이 왕조의 문화를 가장 잘 느낄 수 있는 곳이니까 말이다.

이올라니 궁전

어떻게 가야 할까?

▶ 더 버스로 이동하는 방법

1. 와이키키 쿠히오 거리에서 2번, 13번 버스를 탄
   뒤 주정부청사(State Capitol)에서 하차한다.

2. 내린 방향 뒤편으로 이동하면 오른쪽이 이올라니
   궁전, 왼쪽이 주정부청사다.

3. 이올라니 궁전 옆문을 통해 직진하면 왼편 주정
   부청사 쪽에 매표소가 있다. 궁전 출입 티켓을
   구매한다.

4. 셀프 오디오 투어 티켓 구매시 티켓과 함께 주는
   스티커는 옷에 부착하면 된다.

5. 입장 전 벤치에서 주의사항 안내를 받고 안으로
   입장한다. 궁전 입장시 덧신을 신고 배낭 등의
   가방은 직원을 통해 물품보관소에 맡겨야 한다.

▶ 알로하 타워에서 도보로 이동하는 방법

① 알로하 마켓플레이스 정문을 등지고 직진한다.

② 비숍 거리(Bishop St.)를 직진한다.

③ 세 번째 횡단보도 왼편에 스타벅스가 있다.

④ 네 번째 횡단보도에서 오른쪽에 보이는 사우스 킹 거리(South king St.)로 직진한다.

⑤ 직진 후 두 번째 횡단보도에서 왼쪽에 이올라니 궁전이 보인다. 알로하 타워에서 15분 정도 소요된다.

▶ 차이나타운에서 도보로 이동하는 방법

① 케카울라이크 쪽의 오아후 마켓 간판을 등지고 직진한다.

② 10분 정도 직진하면 오른편에 '퍼스트 하와이안 뱅크(FIRST HAWAIIAN BANK)' 건물이 있다. 그 앞에 있는 횡단보도를 건너 노란색 건물을 지나 직진한다.

③ 5분 정도 직진하면 왼쪽에 이올라니 궁전이있다. 차이나타운에서 15분 정도 소요된다.

▶ 렌터카로 이동하는 방법

내비게이션에 주소(364 South King St.)를 입력한 후 이동한다. 주변 코인주차장에 주차한 뒤 매표소에서 티켓을 구매해 입장한다.

▶ 트롤리 레드라인을 타고 이동하는 방법

트롤리 레드라인 탑승 후 주정부청사에서 하차한 뒤 도보로 이동한다.

이올라니 궁전

어떻게 즐겨볼까?

궁전 내 반얀 트리 아래에서 휴식을 취할 수 있다. 자연과 함께 오아후 다운타운의 정취를 만끽할 수 있다. 사진을 찍으면서 추억을 남겨보자.

1층은 왕의 즉위식, 경축 행사, 무도회, 장례식 같은 왕족의 공식행사를 진행했던 곳으로 세계 각국의 선물과 초상화 등이 전시되어 있다.

이올라니 궁전 내부로 들어가면 제일 먼저 코어나무로 만든 계단을 볼 수 있다. 이 계단은 왕과 하인이 같이 이용했는데, 당시에는 귀족과 하인이 같은 계단을 이용하지 않았던 점을 감안하면 왕이 개방적 사고의 소유자였음을 알 수 있다.

1층은 왕좌의 공식 알현실(throne room)로 왕이나 사절단이 하와이 왕족을 알현할 수 있던 공간이다.

칼라카우아 왕의 서재에는 왕이 사용했던 물품과 세계를 여행하면서 기록했던 기록물들이 전시되어 있다.

퀼트가 전시되어 있는 방이다. 릴리우오칼라니 여왕은 반역 시도 혐의로 이 방에 감금되었다. 이곳에 구금되어 있는 동안 릴리우오칼라니 여왕은 퀼트를 만들며 〈여왕의 기도(Queen's Prayer)〉를 작곡했다.

이올라니 궁전 내 화장실은 그 당시 최첨단 시설이었다. 온수와 냉수가 같이 나오는 샤워기에 수세식 화장실을 사용할 정도였다.

Tip

왕조가 몰락하면서 왕궁의 가구와 집기들이 경매 처분되어 사라졌지만 '이올라니의 친구들'이라는 비영리 단체에서 잃어버린 왕조의 가구와 집기들을 다시 찾아오는 작업을 하고 있다.

카메하메하 대왕 동상(King Kamehameha Statue)

수년간의 전투 끝에 하와이 제도를 통일한 하와이 왕국의 초대 국왕 카메하메하 1세를 기리는 동상이다. 금색의 투구와 가운을 걸치고 평화를 상징하는 창을 왼손에 들고 있다. 이 동상에는 재미있는 사실이 숨겨져 있는데, 실제 대왕의 모습과 다르게 만들어졌다는 것이다. 동상을 디자인한 미술가가 아우구스투스의 모습을 본떠 제작해 얼굴과 옷이 유럽 스타일이고, 오른손잡이인 카메하메하 대왕을 왼손잡이(창을 왼손에 들고 있음)로 만들어버렸다. 하와이에서 가장 위대한 왕을 기념하기 위한 카메하메하 데이(6월 11일)에는 머리에서 발끝까지 레이로 장식된다.

Tip1

이올라니 궁전에 있는 카메하메하 대왕 동상은 1883년에 두 번째로 건립된 것이다. 첫 번째 동상은 빅아일랜드의 노스 코할라 지역에 있다. 원래 첫 번째 동상은 유럽에서 싣고 오던 중 케이프 혼 근해에서 침몰되었는데, 나중에 발견되어 카메하메하 왕의 출생지인 노스 코할라로 옮겨져 세워졌다.

Tip2 카와이아하오 교회(Kawaiaha'o Church)

1842년 건립된 오아후 최초의 기독교 건물인 카와이아하오 교회는 하와이에서 오래된 건축물 중 하나로, 약 1만 4천 개의 산호 블록을 이용해 외관을 장식했다. 하와이 왕조의 대관식과 예배당으로 사용되었으며, 현재에도 예배와 결혼식, 장례식 등의 장소로 이용된다. 월~토에 개방된다.

하와이를 상징하는 의미가 담긴 명소,

주정부청사

The State Capitol

1969년 3월 15일 완공된 주정부청사 건물에는 곳곳에 하와이 주를 상징하는 의미가 담겨 있다. 1층 건물 중앙에는 하와이가 해저에서 불쑥 솟아올랐다는 의미로 천장을 훤하게 개방해 하늘을 볼 수 있도록 했다. 하와이 주요 8개 섬을 상징하는 의미로 8개의 기둥을 세웠고, 기둥 제일 상단 부분은 하와이의 상징인 야자수 잎사귀 모양으로 건물을 받치는 형태로 만들었다. 기둥 주위의 연못은 태평양을 상징하며 하와이 제도가 태평양 바다 가운데 있다는 뜻을 담고 있다. 연못 안의 작은 돌들은 8개 섬 이외의 크고 작은 124개의 섬을 표현한다. 주정부청사의 내부에는 주지사와 부지사의 집무실, 회의실, 상하의원 사무실 등이 있다.

1층 로비 앞에는 나병 환자를 위해 평생을 바친 데미안 신부의 동상이 있고, 정면

에는 하와이 주의 엠블럼(emblem)이 걸려 있다. 건물 뒤편에는 하와이 왕조의 제
8대 왕이자 마지막 왕이었던 릴리우오칼라니 여왕의 동상이 세워져 있다. 칼라니
여왕은 하와이의 대표적 노래 〈알로하오에〉를 작사·작곡하기도 했다.

주정부청사를 구경하다 보면 하와이 고유의 빨간 꽃무늬 남방에 넥타이를 매지
않은 직원들을 볼 수 있다. 이들의 복장 덕분에 정부청사라는 딱딱한 이미지가 엷어
지고 친근하게 다가온다.

이용 안내

◆ **개방시간:** 월~금 09:00~14:30 ◆ **주소:** 415 South Beretania St., Honolulu ◆ **전화:** 808-974-4000 ◆ **홈페이지:**
www.capitol.hawaii.gov

🖋 느낌 한마디

이올라니 궁전에서 5분도 지나지 않아 주정부청사에 도착했다. 주정부청사는 딱딱한 업무 공간이
라고 볼 수 없을 정도로 시원하게 개방된 형태로 만들어져 멋진 자태를 자아낸다. 하늘을 찌를 듯
높이 뻗은 8개의 기둥이 마치 와이키키 해변을 지키고 있는 야자나무를 연상시킨다. 내부로 이동
해 천장을 올려다본다. 청사 내부에 자리를 틀고 앉으니 이곳이 곧 무릉도원 같다. 눈부신 파란 하
늘과 시원하게 밀려오는 바람이 참 좋다. 청사 주위 연못으로 다가가 들여다보니 수많은 물고기들
이 한가로이 노닐고 있다. 하와이 주위 섬을 상징하는 돌 위에는 날개 접은 새들이 몸 구석구석을
청소하느라 여념이 없다. 더없이 평화로운 모습이다. 바쁘게 달려온 둘째 날 잠시 청사 주변 벤치
에 걸터앉아 여행의 참 묘미를 즐겨본다.

주정부청사
어떻게 가야 할까?

▶ 알로하 타워에서 도보로 이동하는 방법

① 알로하 타워 마켓플레이스 정문을 등지고 직진한다.

② 비숍 거리를 직진한다.

③ 세 번째 횡단보도 왼편에 스타벅스가 있다.

④ 네 번째 횡단보도에서 오른쪽 사우스 킹 거리로 직진한다. 직진 후 두 번째 횡단보도에서 왼쪽에 이올라니 궁전이 보인다.

⑤ 이올라니 궁전 뒤편이 주정부청사다. 알로하 타워에서 약 15분 정도 소요된다.

▶ 차이나타운에서 도보로 이동하는 방법

① 케카울라이크 거리 쪽의 오아후 마켓 간판을 등지고 직진한다.

② 10분 정도 직진하면 오른편에 'FIRST HAWAIIAN BANK' 건물이 있다.

③ 횡단보도를 건너 노란색 건물을 지나 직진한다.

④ 5분 정도 가면 왼쪽에 이올라니 궁전이 보인다.

⑤ 이올라니 궁전 뒤편이 주정부청사다. 차이나타운에서 약 15분 정도 소요된다.

▶ 더 버스로 이동하는 방법

① 와이키키 쿠히오 거리에서 2번, 13번 버스를 탄 후 주정부청사에서 하차한다.

② 내리는 방향 뒤편으로 이동하면 오른쪽이 이올라니 궁전, 왼쪽이 주정부청사다.

▶ 렌터카로 이동하는 방법

내비게이션에 주소(364 South King St.)를 입력한 후 이동한다. 도착하면 주변 코인주차장에 주차한 뒤 도보로 이동한다.

▶ 트롤리 레드라인을 타고 이동하는 방법

트롤리 레드라인 탑승 후 주정부청사에서 하차한다.

주정부청사

어떻게 즐겨볼까?

주정부청사는 하늘을 볼 수 있게 천장을 개방한 형태로 설계되었다. 이 개방형 천장은 하와이가 해저에서 불쑥 솟아올랐다는 의미를 담고 있다.

하와이의 주요 8개 섬을 상징하기 위해 8개의 기둥을 세웠다. 기둥의 상단 부분은 하와이의 상징인 야자수 잎사귀 모양으로 만들어졌다.

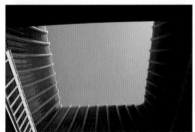

기둥 주위의 연못은 태평양을 상징한다. 하와이 제도
가 태평양 가운데 있다는 뜻을 담고 있다.

정면에는 하와이 주의 엠블럼이 있다. 1959년 하와이
제도는 미국의 50번째 주로 완전히 편입되었는데, 엠
블럼 상층부에 편입된 해인 '1959'를 새겨놓았다

Tip

1863년 호놀룰루에 도착한 데미안 신부는 나병이 창궐했던 1873년
에 나환자들이 격리되어 있는 몰로카이에 직접 들어가 나환자들
을 돌보았다. 1889년 49세의 나이로 세상을 떠날 때까지 환자들
을 위해 헌신한 데미안 신부는 칼라카우아 왕에게 작위를 수여
받았다.

하와이에서 즐기는 중국 요리 딤섬,
타이 판 딤섬

Tai Pan Dim Sum

딤섬은 중국 남부의 광둥 지방에서 3천 년 전부터 만들어 먹었던 음식을 말한다. 한자로 '點心(점심)'이라고 쓰는데 풀이하면 '마음에 점을 찍는다.'라는 말로 '간단한 음식'이라는 의미다. 옛날 중국에서는 하루에 두 끼 식사만 했으며 아침과 저녁은 거하게 먹고 그 중간에 간식처럼 간단하게 한 끼를 먹었다고 한다. 간단하게 먹던 습관으로 중국 사람들은 점심을 간식과 경식의 종류로 부른다. 한국에서 딤섬이 중국 요리의 일종인 만두 요리를 가리키는 것과 달리 중국에서는 소량의 음식을 먹는 것을 모두 딤섬으로 부른다. 중국 코스요리의 중간에 먹는 음식도 딤섬이라고 하는데 기름지기 때문에 차와 함께 먹는 것이 좋다.

크기가 작고 껍질이 투명한 것은 '교(餃)', 껍질이 두툼하고 푹푹한 것은 '파오

138

자스민 차

새우 딤섬

부추 딤섬

다진 돼지고기 딤섬

(包)', 윗부분이 뚫려 속이 훤하게 보이는 것은 '마이(賣)' 등 모양과 조리법에 따라 딤섬을 부르는 이름도 다양하다. 딤섬은 대나무 통에 담아 만두처럼 찌거나 기름에 튀겨 요리하며, 속 재료로는 새우, 게살, 쇠고기, 닭고기, 감자, 버섯, 당근, 단팥, 밤 등 다양하게 사용한다. 딤섬은 속 재료도 중요하지만 피의 부드러움과 쫄깃함에 따라 맛이 평가된다. 참고로 딤섬을 먹을 때는 담백한 것을 먼저 먹은 후 마지막으로 단맛이 나는 것을 먹어야 딤섬의 맛을 제대로 느낄 수 있다.

차이나타운 중국문화센터 1층에 있는 타이 판 딤섬은 대기시간이 있을 만큼 항상 사람들로 붐비며, 무엇보다 저렴한 가격과 맛이 일품이다. 하와이 차이나타운을 방문한다면 꼭 들러보자.

이용 안내

◆**영업시간:** 07:00~16:00 ◆**가격:** $3.5~ ◆**주소:** 100 N Beretania St., Honolulu, HI 96817 ◆**전화:** 808-599-8899 ◆**위치:** 중국문화센터 1층

늦은 오후시간임에도 자리가 거의 다 찰 정도로 많은 사람들이 음식을 즐기고 있다. 딤섬 맛집임을 증명이라도 하듯 테이블마다 대나무 통이 놓여 있다. 안내를 받고 자리에 앉으니 바로 자스민 차를 가져다준다. 멕시코의 어느 중국 식당에서 자스민 차를 $4~에 사먹은 것에 비하면 하와이 식당의 인심은 참 좋다. 따뜻한 자스민 차 한 잔을 들이키고 나니 제일 먼저 주문한 새우 딤섬이 나왔다. 딤섬피는 부드러우면서도 쫄깃했고, 속 재료인 새우는 탱글탱글하고 싱싱했다. 중국에서 딤섬을 잘한다고 평이 난 맛집의 딤섬보다 더 맛나게 느껴졌다. 다음으로 주문한 해산물 딤섬이 나왔다. 잘 다져진 해산물이 풍부하게 들어가 있었으며 무엇보다 먹을 때마다 느끼는 딤섬피의 부드러움에 저절로 감탄이 난다. 대나무 통 3개에 담긴 딤섬을 먹고 나니 포만감이 느껴졌다. 가격도 3통이 겨우 $11~이니 물가 비싸기로 소문난 하와이에서 제대로 호강한다. 가격도 알차고 맛도 일품인 타이 판 딤섬에 꼭 한 번 들러보자.

타이 판 딤섬

어떻게 가야 할까?

▶ 차이나타운 마우나케아 마켓에서 도보로 이동하는 방법

(1) 마우나케아 마켓 정면을 보고 오른쪽으로 직진
하면 'JOS.P MENDOCA' 건물이 보인다.

(2) 왼쪽 마우나케아 거리로 직진한 후 두 번째 횡단
보도를 건너면 왼쪽에 중국문화센터가 보인다.

(3) 입구에서 좀더 직진하면 타이 판 딤섬(#167)이 있다.

▶ 렌터카로 이동하는 방법

내비게이션에 '100 N Beretania St.'를 입력한 후 이동한다. 중국문화센터 입구 주차장 또는 근처 코인주차
장에 주차한다.

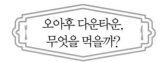
이올라니 궁전에서 느끼는 새로운 맛,
카페 줄리아

Cafe Julia

카페 줄리아라는 이름은 이 건물을 설계한 건축가 줄리아 모건(Julia Morgan)의 이름을 따서 지은 것이다. 모건은 1920년대 호놀룰루의 공공건축물을 디자인한 최초의 여성으로 캘리포니아의 허스트 성을 설계한 건축가로 유명하다. 모건은 700개 이상의 건물을 디자인했는데, 그 중 YWCA 건물에 각별한 애정을 보였다고 한다. 그녀가 디자인한 이 건물은 하와이의 역사적 건물로 등록되어 있다.

고풍스러운 분위기의 카페 줄리아는 호놀룰루 다운타운의 새로운 맛집으로 급부상하고 있다. 많은 사람들이 로꼬모꼬를 맛보기 위해 카페 줄리아를 찾는데, 매일매일 바뀌는 그날의 추천메뉴도 있으니 이미 로꼬모꼬를 먹어본 여행자들이라면 이날의 추천메뉴나 갈릭 아이(Garic Ahi)를 먹어보자. 갈릭 아이는 생선 경매시장에서

142

구매한 신선한 참치에 갈릭소스를 얹어 구운 참치 요리를 말한다. 참치와 은은한 마늘향 소스가 완벽하게 조화를 이룬 음식으로 야채, 밥과 함께 먹으면 또 다른 맛의 풍미에 빠져들 수 있다. 또한 저녁 6시부터 라이브 연주를 하기도 해 분위기 있는 식사를 즐길 수 있다. 분위기와 맛 모두를 즐기고 싶다면 다운타운을 관광할 때 카페 줄리아를 방문해보자.

이용 안내

◆ **영업시간:** 월~화 11:00~14:00, 수~금 11:00~14:00·16:00~21:00, 일 16:00~21:00(토요일 휴무) ◆ **가격:** 로꼬모꼬 $19~, 갈릭 아이 $22~, 커피 $4.5~(팁 별도) ◆ **주소:** 1040 Richards St. Honolulu ◆ **전화:** 808-533-3334 ◆ **홈페이지:** www.cafejuliahawaii.com

🖊 느낌 한마디

야외 테라스에서 음식을 먹는 느낌이 난다. 하얀 천으로 덮인 테이블이 고급스러웠다. 무엇보다 가게 직원들의 친절과 웃음이 음식 맛을 더해주었다. 이올라니 궁전 근처에 이렇게 분위기 있는 맛집이 있다는 것만도 행복하다. 로꼬모꼬는 와이키키에서 먹은 것과는 또 다른 부드러움이 있었다. 무엇보다 함박스테이크의 고기 잡내가 전혀 없었으며 밥 위에 뿌려진 소스가 부드러워 입가를 맴돌았다. 쌀밥은 마치 찹쌀밥을 먹는 것처럼 찰지고 윤기가 있었다. 소스와 어우러진 함박스테이크와 쌀밥의 조화로운 로꼬모꼬로 최고의 식사를 즐겨본다.

카페 줄리아
어떻게 가야 할까?

▶ 이올라니 궁전에서 도보로 이동하는 방법

① 이올라니 궁전 매표소 방향으로 나간다.

② 오른쪽에 매표소를 두고 직진한다.

③ 왼편 45도 방향에 YWCA 건물이 보인다.

④ YWCA 건물 정문에서 왼편을 보면 카페 줄리아 간판을 볼 수 있다.

⑤ 내부로 이동해 직진하면 카페 줄리아다.

기다림조차 즐거운 착한 가격의 맛집,
마루카메 우동

Marukame Udon

일본 가가와현에서 시작된 사누끼 우동 전문점으로 하와이에서 관광객뿐 아니라 현지인들도 많이 찾아 평균 30분 이상은 기다려야 음식을 맛볼 수 있는 곳이다. 마루카메 우동은 좋은 재료로 신선도를 유지하는 데 최선을 다하고 있다. 밀가루에 물과 소금을 넣어 만든 반죽을 하루 동안 숙성시켜 면발이 탱탱하고 쫄깃하며, 건조된 가다랑어, 고등어, 청어를 넣어 푹 끓인 육수 맛은 시원하고 담백하다. 입구에서 주문을 하면 주문 즉시 우동을 삶는다. 우동과 함께 튀김이나 스팸 무스비를 더하면 꽤나 착한 가격으로 한 끼의 식사를 즐길 수 있다.

마루카메 우동의 음식들이 조금 짜다고 느끼는 사람들도 있어 호불호가 갈리기도 하지만, 최고 관광지인 하와이에서 $10도 안 되는 가격으로 먹는 최고의 음식임에

146

틀림 없다. 무엇보다 가격 대비 최고의
양과 맛을 선물한다.

─────
이용 안내

◆**영업시간:** 07:00~09:00, 11:00~22:00 ◆**가격:** 우동 小 $3.95~, 大 $4.2~, 튀김 또는 무스비 $1.75~ ◆**주소:** 2310 Kuhio Ave., Suite 124 Honolulu, HI 96815 ◆**전화:** 808-931-6000 ◆**홈페이지:** www.toridollusa.com
◆**위치:** 쿠히오 거리

Tip 마루카메 우동 주문 방법
① 차례가 되면 쟁반과 접시를 챙긴다.
② 본인이 원하는 우동을 주문한 후 즉석 우동을 받는다. 선택을 돕기
위해 우동 그림과 번호가 적혀 있다.
③ 접시에 본인이 원하는 튀김이나 무스비를 담는다.
④ 계산대로 이동해 계산을 한 후 팁 통에 팁을 넣는다.
⑤ 물과 숟가락, 젓가락, 반찬은 셀프이므로 먹을 만큼 가져간다.

✎ **느낌 한마디**

해 질 무렵 이미 줄은 길게 늘어서 있었다. 마루카메 우동 근처를 지나면 호기심으로라도 꼭 들러야 할 것 같다. 가게 내부로 들어가니 많은 직원들이 일사천리로 움직이고 있었다. 한쪽에서는 반죽을 하고, 다른 한쪽에서는 우동 면을 삶아내고, 또 다른 곳에서는 양에 맞추어 주문을 받고 있다. 마치 잘 분업화된 공정작업을 보는 듯하다. 나도 공정속도에 맞추어 우동을 주문한다. 자리에 앉자마자 면발을 당겨본다. 쫄깃하다. 국물은 시원하다. 주위를 둘러보니 어떤 외국인들은 면을 물에 씻어서 먹기도 한다. 물론 일부 여행자의 입맛에는 짜게 느껴질 수도 있다. 하지만 음식이라는 것이 어찌 개인마다의 음식 기호를 다 맞출 수 있을까? 이 정도면 꽤 괜찮다고 생각한다. 무엇보다 이렇게 알찬 가격의 맛난 음식을 와이키키에서 해결할 수 있다는 것이 놀라웠다.

마루카메 우동

어떻게 가야 할까?

▶ 와이키키에서 도보로 이동하는 방법

① 듀크 카하나모쿠 동상에서 출발한다.

② 동상을 정면으로 보고 오른쪽 파출소 쪽으로 직진한다.

③ 치즈케이크 팩토리를 지난다.

④ 길 건너 오른쪽 홀리데인 호텔 쪽으로 횡단보도를 건넌다.

⑤ 횡단보도를 건너면 홀리데인 호텔 옆으로 듀크 레인(Duke Lane) 길이 보인다.

⑥ 듀크 레인 길로 직진한다.

⑦ 끝까지 직진해 쿠히오 거리에서 오른쪽 45도 방향을 보면 마루카메 우동이 보인다.

⑧ 횡단보도를 건너 오른쪽으로 이동하면 마루카메 우동이다.

하와이 현지인들이 사랑하는 공원,
알라모아나 비치 파크
Ala Moana Beach Park

1950년대에 조성된 9만 4천 평 규모의 인공해변으로 해변 길이가 5km에 달한다. 방파제를 세워 강한 파도를 막고 안전하게 수영을 즐길 수 있도록 만들어 어린이를 동반한 가족 여행자들이 즐겨 찾는다. 알라모아나 비치 파크는 일광욕과 수영을 즐기는 현지인들로 항상 붐빈다. 연안 쪽으로 넘어가면 최고 파도에서의 서핑이나 스쿠버다이빙, 스노클링을 즐길 수도 있다.

　해변 주위에 거대하게 조성된 녹지공원에는 책을 보는 사람들, 산책하는 사람들, 도시락을 먹는 사람들을 쉽게 볼 수 있다. 곳곳에 테이블이 마련되어 있어 피크닉, 바비큐 파티를 즐기기에 좋다. 특히 공원은 웨딩 촬영 장소로도 유명해 운이 좋다면 색다른 볼거리를 구경할 수 있다. 알라모아나 비치 파크는 해변과 공원이 연결되어 있기 때문에 공원 산책이나 일광욕을 동시에 즐길 수 있고, 길을 건너면 세계적으로 유명한 알라모아나 쇼핑센터에서 쇼핑할 수도 있다. 해 질 무렵에 이곳을 찾는다면 최고의 아름다움을 선사하는 낙조를 감상해보자. 또한 알라모아나 비치 파크는 무료 주차장이 마련되어 있어 렌터카로 방문하는 여행자는 쉽게 이용할 수 있다.

이용 안내

◆**입장료:** 입장 및 샤워시설 무료 ◆**주소:** 1201 Ala Moana Blvd. Honolulu, HI 96814 ◆**전화:** 808-585-1917

 Tip 알라모아나 비치 파크의 축제

유등 축제(Lantern Floating festival): 5월마다 넋을 잃게 할 만큼 장관이다.

7월 4일 불꽃축제: 독립기념일을 기념하기 위한 축제로 화려한 불꽃놀이를 즐길 수 있다.

12월 31일 불꽃축제: 한 해를 마감하고 새해를 맞이하기 위한 가장 화려한 불꽃축제가 자정에 펼쳐진다.

 동영상 현지인들이 사랑하는 '알라모아나 비치 파크'

✎ 느낌 한마디

자연과 호흡할 수 있는 공간들이 도시 곳곳에 존재한다는 것이 부러울 따름이다. 알라모아나 비치 파크는 생각했던 것보다 광대했다. 길을 따라 반대편 끝까지 걸어가면 족히 1시간은 걸릴 만한 거리였다. 왼쪽으로 고개를 돌리니 바람을 이용해 요트가 출항하고 있었다. 모두들 능수능란한 솜씨로 바다로 떠나고 있었다. 발걸음을 옮기니 개와 함께 산책을 즐기는 사람, 시원한 바람을 맞으며 조깅을 하는 사람, 잔디밭에서 피크닉을 즐기는 사람들이 보였다. 해변 쪽은 와이키키 비치와 같은 번잡함이 없어 조용했다. 바다를 따라 길게 이어진 둑길을 걸으며 붉은 노을을 머금은 알라모아나 비치 파크를 감상해본다. 왼쪽은 파도가 넘실대는 하와이 바다가, 오른쪽에는 도심의 허파를 자처하 나무가 가득한 공원이 조화를 이루는 모습이 마음을 편안하게 만들어주었다.

알라모아나 비치 파크

어떻게 가야 할까?

▶ 더 버스로 이동하는 방법

① 와이키키에서 더 버스 8번, 19번, 20번, 42번을
타고 알라모아나 쇼핑센터에서 하차한다.

② 뒤쪽에 위치한 횡단보도를 이용해 길을 건넌다.

③ 입구부터 모두 알라모아나 비치 파크다.

▶ 렌터카로 이동하는 방법

내비게이션에 주소(1201 Ala Moana Blvd.)를 입력한 후 이동한다. 비치 파크 내에 무료 주차장 시설이 마련되어
있으니 주차 후 시설을 이용한다.

알라모아나 비치 파크
어떻게 즐겨볼까?

하와이 어디를 가든 수백 년 동안 자라온 반얀 트리가 즐비하다. 비치 파크 내 가장 시원한 그늘을 만들어주는 반얀 트리 아래서 잠시 더위를 식혀보자.

와이키키 비치에서 느낄 수 없었던 한적함을 느낄 수 있다. 복잡한 지역을 벗어나 한가로이 하와이의 풍취를 즐겨보자.

오후가 되면 요트클럽의 배들이 바다로 향한다. 바다로 향하는 요트를 보는 것만으로도 영화의 한 장면이 연상된다.

비치 파크의 길을 따라 제일 끝까지 이동하면 해변을 따라 방파제가 설치되어 있다. 방파제에서 바라보는 노을의 모습과 호놀룰루 시내의 모습은 잠시 넋을 잃게 한다.

> **Tip** 알라 와이 운하(Ala Wai Canal)
>
>
>
> 1928년 와이키키 주위 습지를 개선하기 위해 만든 수로로, 알라 와이 운하 건설로 와이키키는 습지대에서 관광지로 탈바꿈하게 되었다. 마키키 산에서 내려오는 빗물을 담수해 알라 와이 항구로 내려보내는 역할을 하고 있으며, 운하 주변에는 호텔, 아파트, 골프장, 공원 등이 조성되어 있다. 운하는 조정 선수들의 훈련장소로 이용되기도 하며, 2003년 준설 작업을 마무리해 더 깨끗한 운하로 재탄생되었다. 시간이 허락한다면 알라 와이 운하를 찾아 소중한 하와이 여행의 추억을 담아보자.
>
> **운영시간:** 24시간 **교통:** 더 버스 2번 또는 13번을 타고 매컬리 거리(Mccully St.)에서 하차 **도보:** 와이키키에서 칼라카우아 거리 제일 끝지점으로, 칼라카우아 거리 칼라카우아 대왕 동상에서 10분 정도 소요

셋째 날

오아후 최고 휴양지,
노스쇼어

HAWAII

오아후 섬의 노스쇼어는 자연적인 맛, 아름다운 해변과 공원을 간직한 환상적인 관광명소다. 지리적으로는 북쪽을 바라보는 해안선 지역으로 스카이 다이빙이나 글라이더와 함께 노스쇼어 최고의 자연을 만끽할 수 있고, 높은 겨울 파도는 서퍼들의 천국으로 불리며, 아름다운 해변에서는 계절에 따라 고래도 볼 수 있다. 하와이에 익숙해진 셋째 날에 오아후에서 가장 아름답다는 북부로 이동하자. 하와이다운 모습에 오랜 시간 감동이 전해질 것이다.

일정 한눈에 보기

돌 파인애플 농장 ▶ 할레이바 타운 ▶ 카후쿠 ▶

폴리네시안 문화센터

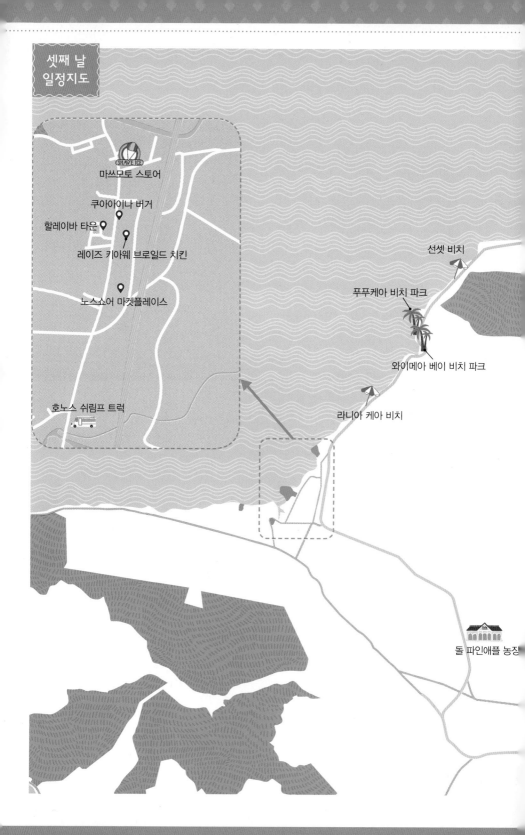

마쓰모토 스토어

쿠아아이나 버거

할레이바 타운

레이즈 키아웨 브로일드 치킨

노스쇼어 마켓플레이스

호노스 쉬림프 트럭

선셋 비치

푸푸케아 비치 파크

와이메아 베이 비치 파크

라니아 케아 비치

돌 파인애플 농장

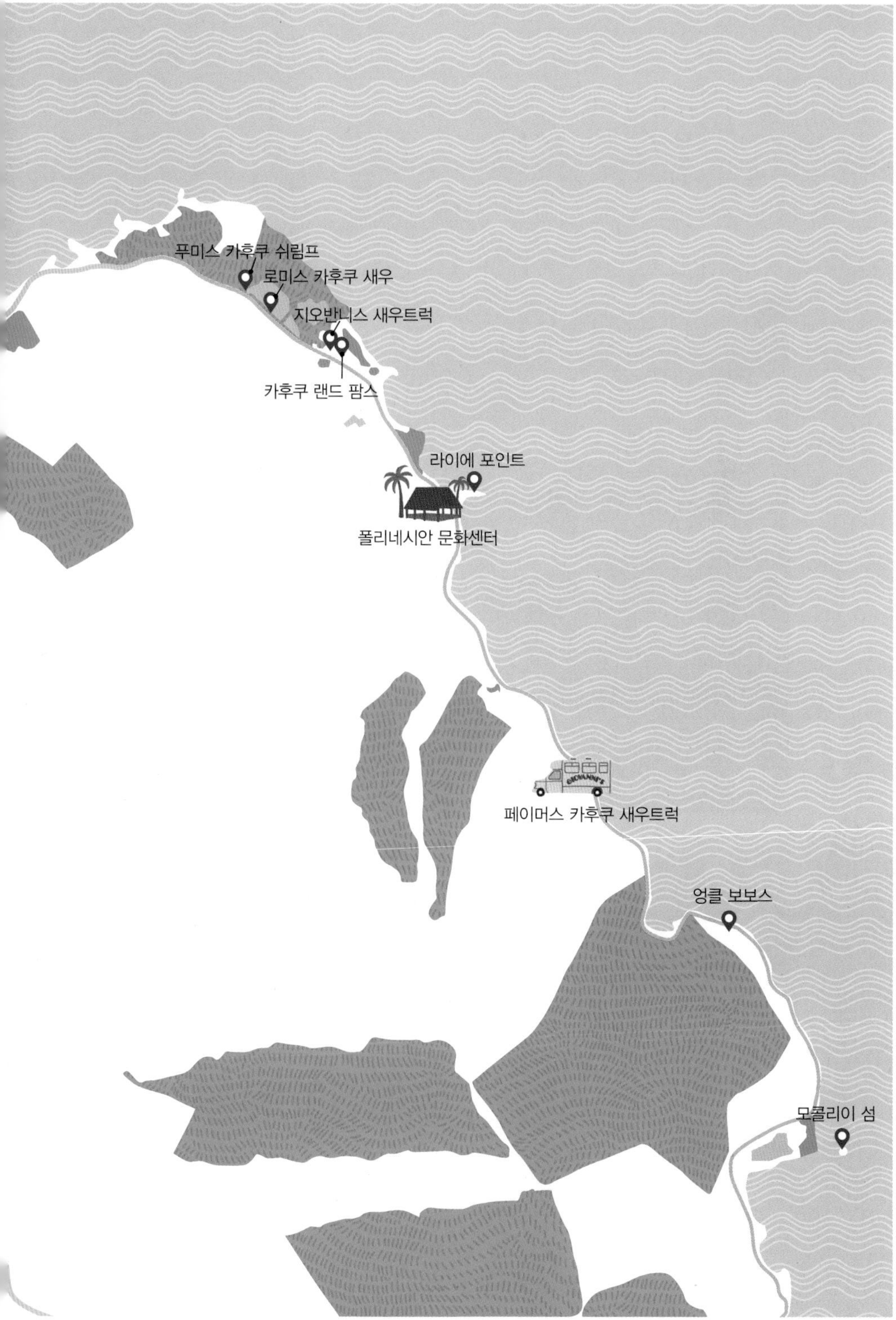

푸미스 카후쿠 쉬림프
로미스 카후쿠 새우
지오반니스 새우트럭
카후쿠 랜드 팜스
라이에 포인트
폴리네시안 문화센터
GIOVANNI'S
페이머스 카후쿠 새우트럭
엉클 보보스
모콜리이 섬

세계 파인애플의 성지,

돌 파인애플 농장

Dole Plantation

제임스 돌(James Dole)은 많은 사람들이 실패한 파인애플 재배에 성공해 오아후 섬에 회사를 설립하고 파인애플을 비롯한 여러 생과일을 판매했다. 1907년에는 호놀룰루에 파인애플 통조림 공장을 세웠고, 이후 파인애플 껍질을 벗기는 기계(분당 80~100개)를 발명해 본격적으로 통조림 대량생산에 박차를 가했다. 1933년에는 상품에 '돌(Dole)'이라는 상표를 넣으면서 회사 이름도 '돌 푸드 컴퍼니(Dole Food Company)'로 바꾸었다. 돌 푸드 컴퍼니는 현재 세계 90여 개의 나라에 파인애플, 포도, 바나나, 체리 등의 생과일과 가공식품 등을 판매하고 있다. 기본방침인 제품의 품질에 만전을 기하며, 이상기후 등으로 수확량이 감소할 경우를 감안해 세계 각국에 농장이 있다.

돌 파인애플 농장은 제임스 돌이 1989년에 세운 첫 번째 파인애플 농장으로, 지금은 하와이의 최고 관광지가 되었다. 매년 100만 명 이상이 방문하는 농장에는 2008년 세계 최대 규모의 미로로 기네스북에 오른 '가든 미로(Pineapple Garden Maze)', 농장 안을

편안하게 둘러볼 수 있는 열차 '파인애플 익스프레스', 농장에 대한 설명을 들으면서 함께 둘러보는 '가든 투어', 각종 기념품들과 파인애플 쿠키, 파인애플 아이스크림 등 파인애플에 관한 모든 것을 만날 수 있는 기념품 가게가 있다. 입장료는 무료지만 미로나 열차 등의 시설 이용은 유료다.

하와이 파인애플의 역사가 담겨 있는 돌 파인애플 농장을 방문해 파인애플 향에 흠뻑 취해보자.

이용 안내

◆ **영업시간:** 09:30~17:30 ◆ **입장료:** 무료 ◆ **열차:** 성인 $9.5~, 만 4~12세 $7.5~ ◆ **가든 투어:** 성인 $6~, 만 4~12세 $5.25~ ◆ **가든 미로:** 성인 $7~, 만 4~12세 $5~ ◆ **주소:** 64-1550 Kamehameha Hwy., Wahiawa ◆ **전화:** 808-621-8408 ◆ **홈페이지:** www.doleplantation.com

---

✏️ 느낌 한마디

돌 파인애플 농장은 노스쇼어 관광시 꼭 들러야 하는 관광 코스다. 농장의 문이 열리자마자 관광객들이 썰물처럼 밀어닥친다. 그러고는 모두들 잘 짜인 일정표를 수행하듯 아이스크림 하나를 먹으며 갈증을 달랜다. 파인애플 아이스크림은 약간 시큼한 맛이 나지만 목을 축이기에는 안성맞춤이었다. 가든으로 발길을 옮기니 앙증맞은 자주색 파인애플이 자리를 틀고 있다. 여행자들은 수채화 같은 농장을 배경으로 사진 찍기에 여념이 없었다. 동심으로 돌아가 파인애플 익스프레스를 타본다. 어린이들의 비명, 경적 소리와 함께 열차가 움직인다. 느린 속도로 움직이는 열차를 타고 있으니 동화책 주인공이 된것 같다. 하늘을 올려다보니 끝없이 아득한 구름이 걸려 있다. 참 맑다. 돌 파인애플 농장은 한눈에 다 담기 어려울 만큼 광활했다. 안 보면 섭섭한 노스쇼어 관광의 성지와도 같은 이곳에서 맑은 하늘과 푸른 자연을 즐겨보자.

돌 파인애플 농장
어떻게 가야 할까?

▶ 렌터카로 이동하는 방법

① 돌 파인애플 농장은 와이키키에서 25mil(40km),
공항에서 16mil(26km) 떨어진 곳에 위치해 있다.
번지(64-1550)와 도로명(Kamehameha Hwy.)를 입력
한다.

② '목적지 도착'이라는 알림이 나오면 돌 파인애플
농장 입구다.

③ 주차장에 주차하면 돌 파인애플 농장 입구가 보
인다.

▶ 더 버스로 이동하는 방법

와이키키에서 8번, 19번, 20번, 23번, 42번 버스를 타고 알라모아나 쇼핑센터로 이동한다. 알라모
아나 쇼핑센터에서 하차 후 52번 버스로 환승한다. 1시간 정도 이동하면 돌 파인애플 농장에 도착
한다.

돌 파인애플 농장
어떻게 즐겨볼까?

아이스크림 코너에는 그림과 번호가 적혀 있어 주문이 편리하다. 아이스크림과 함께 정원에 마련된 파인애플 모형에서 기념사진 촬영을 해보자.

가든 미로
세계에서 제일 긴 3km의 미로로 2008년 기네스북에 등재되었다. 사람 키보다 높은 미로를 따라 이동하며 미로 찾기의 즐거움을 느껴볼 수 있을 것이다.

파인애플 익스프레스
파인애플 익스프레스를 타면 농장 안을 편안하게 둘러볼 수 있다. 아이들을 동반한 여행자들이라면 타볼 만하다.

기념품 가게
귀여운 파인애플 인형, 열쇠고리, 파인애플 사탕 등을 판매한다. 제일 끝 지점에는 돌 파인애플 농장의 최고 먹거리인 파인애플 아이스크림을 판다.

멋과 낭만이 가득한 노스쇼어의 빈티지 마을,

할레이바 타운

Haleiwa Town

노스쇼어 지역의 가장 아랫부분에 위치하고 있는 할레이바 타운은 할레이바 비치 파크, 할레이바 알리이비치 파크로 둘러싸여 있다. 고속도로를 달리다 서핑보드를 타는 소년이 그려진 이정표가 보이면 할레이바에 도착했다는 신호다.

할레이바는 소박하고 고풍스러운 멋을 간직한 작고 고요한 마을로 하와이 왕국의 마지막 여왕 릴리우오칼라니가 여름휴가를 보냈던 곳이기도 하다. '할레이바'라는 명칭은 벤자민 딜링햄(Benjamin Dillingham)이 이곳에 지은 거대하고 웅장한 호텔인 '할레이바'에서 유래되었는데, 현재 그 호텔은 사라졌다.

할레이바는 옛날에 상업과 유통의 중심지였으나 현재는 다이버들과 서퍼들에게 각광받는 작고 소박한 마을로 변모했다. 마치 서부 영화에 나오는 시골 마을의 멋스

러운 모습으로 서퍼들이 즐겨 찾는 서핑 상점, 최고의 맛을 자랑하는 간이 음식점, 갤러리 등의 볼거리가 있다. 할레이바를 방문하면 하와이 맛을 그대로 간직하고 있는 세이브 아이스, 유명한 카후쿠 새우요리를 꼭 경험해보자. 1984년 문화적 역사적 지역으로 지정된 할레이바 타운에서 아름답고 소박한 노스쇼어의 정취에 취해보자.

───────
이용 안내

◆**주소:** 66-197 Kamehameha Hwy., Haleiwa, HI 96712 ◆**홈페이지:** www.haleiwatown.com

🖊 느낌 한마디

할레이바 타운 입구부터 차들이 가다 서다를 반복한다. 검은 가죽점퍼를 입은 오토바이 마니아들도 줄지어 가고 있다. 서부 영화에 나올 듯한 멋스러움이 느껴졌다. 주차를 하고 할레이바 타운을 거닐어본다. 진한 페인트를 머금은 목조건물이 예스러운 도시의 맛을 전해준다. 가게마다 자리한 서핑보드는 서핑 중독자가 아닐지라도 바다로 달려가고픈 충동을 일으킨다.
멀리서 자욱한 연기와 함께 치킨 냄새가 진동한다. 유명하다는 숯불치킨 집이다. 이미 주위에는 접시에 담긴 치킨을 정신없이 먹는 사람들로 가득하다. 길게 늘어선 줄이 꼭 먹어야 하는 맛집임을 증명이라도 하는 듯하다. 발길을 옮기니 모두들 세이브 아이스를 먹고 있다. 오바마 대통령이 즐겨 찾아 톡톡히 유명세를 치르는 곳이다. 할레이바 타운은 산책 삼아 걸으면서 그 풍경을 눈으로 담는 것만으로도 즐거운 노스쇼어의 멋진 관광 명소다.

할레이바 타운

어떻게 가야 할까?

① 롱스 드럭스 주소(66-197 Kamehameha Hwy.) 를 입력한 후 이동한다. 돌 파인애플 농장에서 8mil(13km) 정도 떨어진 곳에 위치한다.

② 롱스 드럭스에 주차한다.

③ 롱스 드럭스에 주차 후 도로로 나오면 정면으로 말 라마 마켓이 보인다.

할레이바 타운
어떻게 즐겨볼까?

호노스 새우트럭(Hono's Shrimp Truck)

예능 프로그램 〈무한도전〉에 나오면서 유명세를 치르고 있는 곳으로 한국인이 운영하고 있다. 달콤하면서도 부드러운 갈비와 매콤한 새우가 한 접시에 반씩 담겨져 나오는 갈비&새우 구이가 인기 메뉴며, 흰 밥과 김치가 함께 제공되기 때문에 한 끼 식사로도 손색이 없다. 다만 기호도에 따라 약간 느끼하다는 호불호가 있다. 매콤한 맛을 원한다면 갈릭 스파이스 쉬림프(Garlic Spicy Shrimp)를 추천한다.

지오반니스 새우트럭(Giovanni's Shrimp Truck) 분점

1993년 영업을 시작한 지오반니스 새우트럭은 1996년에 카후쿠에 정착했다. 할레이와에 있는 지오반니스는 1997년에 문을 연 분점이다. 최고 인기 메뉴는 스캠피(Scampi)로 새우 12마리, 볶은 마늘이 올려진 밥, 레몬 한 조각이 전부다. 짜지 않고 느끼하지 않아 맛으로 정평이 나 있다.

영업시간: 10:00~18:00 **주소:** 66-472 Kamehameha Hwy., Haleiwa

영업시간: 10:30~17:20 **주소:** 66-472 Kamehameha Hwy., Haleiwa **홈페이지:** www.giovannisshrimptruck.com

Tip

돌 파인애플 농장에서 할레이바 타운 쪽으로 들어오면 제일 먼저 보이는 곳이 쉬림프 트럭이다. 롱스 드럭스에 주차 후 쉬림프 트럭까지 도보로 이동하면 15분 정도 소요되므로 지오반니스 새우트럭을 방문하고 싶다면 돌 파인애플 농장에서 출발할 때 지오반니스 트럭 주소(66-472 Kamehameha Hwy.)를 입력한 후 이동해 음식을 먼저 먹고 롱스 드럭스 쪽으로 이동하는 것이 좋다.

노스쇼어 마켓플레이스(North Shore Marketplace)

커피 갤러리, 파타고니아, 서핑 매장, 멕시코 음식점들이 있다. 마켓플레이스에서 가장 인기 있는 곳은 커피 갤러리로 모카 프리즈가 인기 메뉴다.

영업시간: 06:30~20:00 **주소:** 66-250 Kamehameha Hwy., Haleiwa **전화:** 808-637-4416 **홈페이지:** www. northshoremarketplacehawaii.com

쿠아아이나 버거(Kuaaina Burger)

1975년 문을 연 쿠아아이나 버거는 서퍼들의 입소문으로 현재 23개 지점이 영업하고 있다. 하나를 시켜도 두 사람이 먹을 수 있는 많은 양을 자랑한다. 이 집의 인기 메뉴는 아보카도 버거와 파인애플 버거다.

영업시간: 11:00~20:00 **주소:** 66-160 Kamehameha Hwy., Haleiwa

마쓰모토 스토어(Matsumoto Grocery Store)

식료품이나 기념품 등을 파는 잡화점으로, 오바마 대통령이 쉐이브 아이스를 먹어서 유명해진 곳이다. 1951년부터 이어져 온 하와이 명물 아이스크림 쉐이브 아이스를 먹어보자. 콤비네이션 레인보우+연유(Condensed Milk)가 단연 인기 메뉴다.

영업시간: 09:00~18:00 **주소:** 66-111 Kamehameha Hwy., Suite 605 Haleiwa **전화:** 808-637-4827 **홈페이지:** www.matsumotoshaveice.com

다양한 보드숍

노스쇼어는 어마어마한 높이의 파도로 서퍼들의 천국으로 불린다. 서퍼들의 천국답게 곳곳에 마련된 보드숍을 구경하는 것은 할레이바 타운 관광시 덤이다.

할레이바 비치 파크(Halei'wa Beach Park)

〈무한도전〉팀이 상어 관광을 위해 배를 탔던 장소다. 복잡한 와이키키와는 대조적으로 평화로운 비치이며, 서핑과 카야킹 등 초보자들을 위한 강습이 이루어진다. 하와이에서 서핑을 배우고 싶은 여행자들이 이용해볼 만하다.

주소: 62-449 Kamehameha Hwy., Haleiwa, Oahu, HI 96712

Tip

할레이바 비치 파크는 롱스 드럭스에서 도보로 이동하기에는 멀기 때문에 다음 일정인 카후쿠로 이동하면서 잠시 들르는 것이 좋다.

라니아케아 비치(Laniakea Beach)

오아후에서 가장 쉽게 거북이를 볼 수 있는 해변으로 '거북이 비치'라고도 부른다. 운이 좋으면 이곳에서 둥지를 튼 녹색 바다거북을 볼 수 있는데, 사계절 중 산란기인 봄에 가장 쉽게 거북이를 만날 수 있다. 거북이 둥지 주변에 쳐놓은 줄 안으로 들어가면 안 되며, 특히 거북이에게 먹이를 주거나 만지는 것도 금지되어 있다.

주소: 61-641 Kamehameha Hwy, Haleiwa HI96712
위치: 할레이바 타운에서 4mil(5.3km)
주차: 해변 건너편에 주차하면 된다. 해변 쪽으로의 주차는 삼가는 것이 좋다.

와이메아 베이 비치 파크(Waimea Bay Beach Park)

노스쇼어에서 가장 유명한 해변으로 해변 인근은 수심이 얕아 가족여행자들이 많으며 현지인들에게도 인기가 많다. 특히 12m 높이의 절벽에서 다이빙을 즐기기 위해 많은 사람들이 이곳을 찾는다. 다이빙을 하려고 줄서서 기다리는 모습과 점핑을 하는 다이버들의 진풍경을 한번에 감상할 수 있는 곳이다.

주소: Waimea Bay Beach Park, Waiaua
위치: 라니아케아 비치에서 1mil(1.8km)
주차: 주차장이 마련되어 있다.
편의시설: 화장실, 샤워시설, 피크닉 테이블, 주차장
도착: Waimea Valley Rd., Haleiwa로 입력하면 valley 도착 전 왼편이 와이메아 베이 비치 파크다.

푸푸케아 비치 파크(Pupukea Beach Park)

샥스 코브(Shark's Cove)라고도 불리며 스노클링 장소로 각광받는 곳이다. 수심이 깊지 않아 물고기들을 구경하기에 좋다. 다만 곳곳에 바위가 많아 아쿠아 슈즈를 신는 것을 권한다.

주소: 59-02 pupukea Rd.
주차: 푸드랜드 맞은편에 주차하는 것이 좋다.
편의시설: 화장실

선셋 비치(Sunset Beach)

해가 지는 석양의 모습은 오아후에서 최고를 자랑한다. 봄과 여름에는 잔잔한 파도로 수영이나 스노클링을 즐길 수 있고, 겨울에는 높은 파도로 세계적인 서핑대회가 개최된다. 서핑대회가 개최되면 서퍼들의 멋진 모습을 촬영하기 위해 사진가와 기자들로 장사진을 이룬다.

주소: Sunset Beach, Pupukea
위치: 푸푸케아 비치에서 8mil(14km)
주차: 주차장이 있으며 주차료는 무료다.
편의시설: 샤워시설, 화장실, 주차장

노스쇼어의 명물 새우트럭이 모여 있는 마을,

카후쿠
Kahuku

카후쿠는 오아후 섬 북동쪽에 위치한 작은 어촌으로 서퍼들 이외에는 거의 알려지지 않은 한적한 시골마을이었다. 그러다 새우잡이 어선에서 갓 잡은 새우를 떼어다 새우요리를 만드는 지오반니스 새우트럭이 생기면서 유명해졌다. 그러나 복잡하거나 사람들로 북적이지 않고 여전히 평화롭고 한가한 마을이다. 1970~1980년까지 미국의 새우 수요는 폭발적으로 증가했지만 국내 생산이 부족해 대부분을 수입에 의존하고 있었다. 그러다 국내 생산량을 늘리기 위해 새우 양식 프로그램을 개발했고, 이와 함께 새우 양식의 최적의 장소로 하와이가 선정되면서 노스쇼어 지역을 비롯해 하와이 여러 곳에 새우 양식장이 들어서게 되었다.

새우 농장과 함께 1993년에 에드 헤르난데즈(Ed Hernandez)가 지오반니스 새우트럭(Giovanni's Shrimp Truck)을 오픈했다. 기본 레시피로 만든 맛있는 새우요리가 입소문을 타 지오반니스 새우트럭을 찾는 사람들이 많아지면서 카후쿠는 금세 유명해졌고, 덩달아 주변에 10여 개 이상의 새우트럭이 생겨났다. 원조인 지오반니스 새우트럭에 가장 많은 관광객이 서 있지만 주변에도 개성 있는 그림과 함께 독특한 레시피의 소스와 맛으로 2인자라 할 수 있는 새우트럭들이 있다. 아시아인 여행자들을 위해 한국어, 중국어, 일본어

로 적힌 글들이 눈에 띄며 한국인들이 운영하는 새우트럭도 인기 있다. 노스쇼어에서 불어오는 바닷바람을 맞으며 새우요리를 즐겨보자.

이용 안내

◆**영업시간**: 영업점마다 상이 ◆**가격**: $13~ ◆**주소**: 56-565 Kamehameha Hwy., Kahuku(페이머스 카후쿠 새우트럭) 또는 56-505 Kamehameha Hwy., Kahuku(지오반니스 새우트럭)

> **Tip**
>
> 카후쿠 지역의 새우트럭은 한곳에 몰려 있는 것이 아니라 카후쿠 지역 도로변에 드문드문 떨어져 위치해 있다.

> ✏️ **느낌 한마디**
>
> 카후쿠 지역으로 진입하면 넓은 초원이 사람들을 맞이한다. 카후쿠 도착 전 다양하게 펼쳐졌던 해변과는 또 다른 풍광이다. 노스쇼어 관광을 하는 이유 중 하나가 카후쿠 지역의 오리지널 새우트럭을 만나기 위해서다. 카후쿠에 들어서자마자 낙서로 도배가 된 새우트럭들이 나타나기 시작한다. 가장 끝 지점에 위치한 새우트럭의 원조 지오반니스 새우트럭 쪽으로 이동해본다. 훈장이라도 얻은 것처럼 하얀 트럭은 낙서로 빼곡히 채워져 있고, 한나절을 기다려도 줄지 않을 것 같은 줄이 길게 이어져 있다. 카후쿠의 명성을 저 트럭 하나가 유지했다고 생각하니 놀라웠다. 맛있는 냄새에 끌려 긴 줄의 대열에 합류해본다.

카후쿠
어떻게 가야 할까?

1. 지오반니스 새우트럭의 주소(56–505 Kamehameha Hwy., Kahuku)를 입력한다.

2. 할레이바 타운에서 들어올 경우 제일 먼저 볼 수 있는 것은 푸미스 카후쿠 새우트럭이다.

3. 카후쿠 지역으로 들어오면 도로변 군데군데 새우 트럭들이 있다. 지오반니스 새우트럭은 가장 끝 쪽에 위치해 있다.

4. 주차장에 주차 후 새우트럭으로 이동한다. 할레이바 타운에서 18mil(28km), 선셋비치에서 8mil(13km) 떨어져 있다.

카후쿠

어떻게 즐겨볼까?

푸미스 카후쿠 쉬림프(Fumi's Kahuku Shrimp)

근처 양식장에서 새우를 직접 양식해 신선도가 좋다. 푸미스 새우트럭과 푸미스 건물은 같은 주인이 운영하는 곳이다. 레몬 페퍼 쉬림프, 스파이시 갈릭 쉬림프가 인기 있으며, 소금과 후추로만 양념해서 담백한 새우구이도 인기 있다.

페이머스 카후쿠 새우트럭(Famous Kahuku Shrimp Truck)

한국인이 운영하는 새우트럭으로 현지인들이 더 많이 찾는 곳이기도 하다. 지오반니스보다 가격이 저렴하며 한국인들의 입맛에 맞는 매운 새우구이와 버터 갈릭 새우구이가 있다. 이곳의 특별메뉴는 달콤하면서도 부드러운 코코넛 소스에 버무린 새우구이다.

영업시간: 10:00~18:00

영업시간: 10:00~18:00

> **Tip** 카후쿠 랜드 팜스(Kahuku Land Farms)
>
> 신선한 파인애플, 망고 등의 열대과일을 판매하는 전통시장이다. 아쉽게도 예전의 명성을 많이 잃었지만 여전히 카후쿠의 대표 과일 시장이다. 카후쿠로 오는 도중 오른편에 위치해 있다.
>
> **영업시간**: 09:00~17:00 **주소**: 56-800 Kamehameha Hwy., Kahuku **홈페이지**: www.kahukufarms.com

로미스 카후쿠 새우(Romy's Kahuku Prawns)

직접 양식한 새우를 파는 가게로 다른 새우트럭보다 가격이 비싼 편이다. 로미스 카후쿠 새우의 특별메뉴는 딤섬처럼 생긴 새우튀김 요리다.

지오반니스 새우트럭(Giovanni's Shrimp Truck)

새우트럭의 원조답게 가장 줄이 길다. 쉬림프 스캠피(shrimp scampi; 마늘과 함께 튀긴 새우), 핫 앤 스파이시(hot&spicy; 매운 소스로 곁들인 새우), 레몬 버터(lemon butter; 레몬과 버터가 곁들여진 새우), 핫도그 등을 판다. 지오반니스 새우트럭의 음식들은 다른 곳과 비교할 때 가장 비싸다. 인기 메뉴는 쉬림프 스캠피이며, 명성에 비해 맛은 호불호가 갈린다.

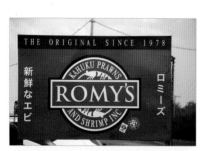

영업시간: 10:00~18:00 **주소:** 56-781 Kamehameha Hwy., Kahuku **전화:** 808-232-2202 **홈페이지:** www.romyskahukuprawns.org

영업시간: 10:30~18:30 **전화:** 808-293-1839 **홈페이지:** www.giovannisshrimptruck.com

하와이 최고의 루아우 쇼 민속촌,

폴리네시안 문화센터
Polynesian Cultural Center

폴리네시아는 '많은 섬들'이라는 뜻으로 북쪽의 하와이와 남쪽의 뉴질랜드를 기점으로 피지, 통가, 타히티 등 1천 개가 넘는 섬을 포함하는 문화권을 폴리네시아라고 한다. 1844년 폴리네시아 타히티와 주변 섬들의 선교활동이 시작되면서 1850년에 선교사들이 하와이에 도착했다. 1865년 몰몬교단이 6천 에이커(약 730만 평)의 농장을 구입해 1963년에 5만 5천 평 규모로 엔터테인먼트와 교육이라는 기치 아래 폴리네시안 문화센터를 오픈했다. 1960년 말까지 1,300석의 원형극장을 건립하는 등 계속되는 투자로 발전을 거듭했으며 최근에는 후길라우 마켓플레이스가 오픈되기도 했다.

폴리네시안 문화센터에서는 사모아, 피지, 타히티 등 다양한 섬들의 문화를 배울 수 있다. 마을별로 창 던지기, 요리 시범, 직물 짜기, 훌라 레슨, 드럼 연주, 나무 타기 등을 체험할 수 있는 공간이 마련되어 있다. 또 오후에는 6개의 섬을 한눈에 감상할 수 있는 선상 카누쇼와 3천 명을 수용할 수 있는 대형 오픈 무대에서 하쇼(HA: Breath of Life Show)가 진행된다.

현재 폴리네시안 문화센터는 지역 사회를 위해 많은 봉사활동을 전개하고 있다. 이곳에서 봉사활동을 하는 브리검영대학교 학생들에게 취업과 장학금의 기회를 제공하는 등 다양한 활동도 병행하고 있다. 방문시 미리 요청하면 한국 학생에게 한국어 안내도 받을 수 있다. 입구에서 문화센터 지도와 각 마을 공연 시간표를 받아 이동하면 더 알차게 문화센터를 즐길 수 있다. 남태평양 소재 6개의 섬을 모티브로 재현해놓은 종합 테마파크 폴리네시안 문화센터를 방문해서 폴리네시아 문화에 빠져보자.

이용 안내

◆**영업시간:** 12:00~21:00(일요일 및 공휴일 휴무) ◆**마을 개방시간:** 11:45~17:00, ◆**카누선상쇼:** 14:30~15:00, ◆**저녁쇼:** 19:30~21:00 ◆**주소:** 55-370 Kamehameha Hwy., Laie ◆**전화:** 808-293-3333 ◆**입장료:** 패키지에 따라 상이($59.95~, $199.95~. 인터넷으로 10일 전 예약하면 10% 할인받을 수 있음) ◆**주차료:** 렌터카로 방문시 무료 ◆**홈페이지:** www.polynesia.com(영어 홈페이지), www.polynesia.co.kr(한국어 홈페이지)

 하쇼
화산 모양 바위와 폭포수를 재현해 하와이의 생성 과정을 보여주고, 남태평양 6개 섬나라의 고유 춤과 노래를 선사하는, 그리고 가장 많은 배우가 참여하는 공연이다. 이 쇼의 최고 하이라이트는 사모아 불춤으로 세계 최대 규모다.

하와이의 민속촌 '폴리네시안 문화센터'

Tip

통가, 타히티, 피지, 아오테아로아(뉴질랜드), 사모아, 하와이 6개 섬마
을의 생활양식, 문화, 춤, 음식 등을 체험할 수 있다. 스케줄 표를 참조
해 이동하자.

✏️ **느낌 한마디**

입구에 자리한 목조인형이 인상적이다. 마켓플레이스에서는 각종 폴리네시아 관련 물품과 음식들
을 판매하며 마치 영화 세트장처럼 꾸며져 있었다. 알록달록한 색을 머금은 이정표가 특히 눈에
띈다. 반갑게도 티켓 발매처에 한국 학생이 근무하고 있었다. 이곳에서 봉사활동을 하는 브리검영
대학교 학생들인 듯했다.

입구로 발길을 옮기니 끝없이 펼쳐진 녹음이 싱그럽다. 먼저 사모아 마을로 입장한다. 섬나라 사
람들의 사는 모습과 체험활동, 각종 공연이 신선하며 흥미롭다. 6개 마을에서는 개성적인 삶의 모
습을 재현하며 이색적인 여행을 경험하게 했다. 특히 각 마을마다 제공하는 독특한 퍼포먼스는 여
행자들에게 신선한 추억을 안겨주었다. 선상 카누쇼 시간이 되자 관광객들의 웃음소리가 폴리네
시안 문화센터를 가득 메웠다. 6개 섬을 모티브로 한 독특한 복장과 퍼포먼스가 강 주변에 자리
잡은 관광객들의 눈을 뗄 수 없게 한다. 가장 하이라이트인 하쇼는 정말 스펙터클한 모습이었다.
특히 마지막 불쇼는 압권이었다. 와이키키로 돌아오는 내내 강렬한 감동의 물결이 가슴 한편에 자
리한다. 감동적인 선물을 선사받고 하와이 여행의 하이라이트를 즐긴 것 같다. 폴리네시안 문화센
터는 시간을 만들어서라도 꼭 경험해야 할 좋은 볼거리임이 틀림없다.

출처: 폴리네시아 문화센터 홈페이지

① General Admission
폴리네시안 문화센터 입장, 저녁공연 및 셔틀버스를 추가할 수 없다.
비용: 성인 $59.95, 만 5~11세 $47.96
② Admission&Show with "Free" Dinner Package
입장료+저녁식사(일반뷔페) + 하쇼 관람(공연 관람시 뒷좌석)
비용: 성인 $79.95, 만 5~11세 $63.96
③ Ali'i Lu'au Package
입장료 +저녁식사(루아우쇼 관람하면서 식사) + 하쇼 관람(공연 관람시 중간석)
비용: 성인 $109.95, 만 5~11세 $87.96: 가장 인기 있는 패키지
④ Ambassdor Lu'au Package
입장료 +저녁식사(루아우쇼 관람하면서 식사) + 하쇼 관람(공연 관람시 앞좌석)
비용: 성인 $139.95, 만 5~11세 $111.96
⑤ Ambassdor Prime Package
입장료 +저녁식사(프라임 립 뷔페) +하쇼 관람(공연 관람시 앞좌석)
비용: 성인 $139.95, 만 5~11세 $111.96
⑥ Super Ambassdor Package
개별 카누투어 + 입장료 + 저녁식사(프라임 립 뷔페 or 루아우 뷔페) + 하쇼 관람(공연 관람시 앞좌석)
비용: 성인 $219.95, 만 5~11세 $175.96

④~⑥까지의 입장 티켓은 가이드가 포함되어 있다. 더 자세한 내용은 홈페이지(www.polynesia.com)를 참조
하면 된다.

폴리네시안 문화센터

어떻게 가야 할까?

▶ 렌터카로 이동하는 방법

① 주소(55-370 kamehameha Hwy.)를 입력하면 주차장에 도착한다. 카후쿠에서 4mil(7km) 떨어진 곳에 위치해 있다.

② 주차 후 정문으로 이동한다.

③ 티켓 발매처에서 티켓을 구매한다.

④ 'ISLANDS'라는 이정표를 따라 이동한다.

⑤ 입구에서 티켓을 보여주고 입장한다.

▶ 와이키키에서 대중교통으로 이동하는 방법

① 알라모아나 쇼핑센터에서 더 버스 55번을 탄다.

② 폴리네시안 문화센터에서 하차한다.

③ 횡단보도를 건너 정문으로 이동한다. 참고로 저녁 쇼까지 관람 후 이용하기에는 쉽지 않은 교통수단 이다.

▶ 폴리네시안 문화센터 셔틀버스 이용하는 방법

셔틀버스를 이용하고 싶으면 홈페이지에서 입장권을 예약할 때 입장권에 셔틀비용을 추가하면 된다. 셔틀버스는 모터 코치와 미니 코치가 있다. 모터 코치는 와이키키 호텔에서 가장 가까운 지정된 장소에서 승하차하고, 비용은 $25다. 미니 코치는 와이키키 호텔에서 바로 픽업하며 비용은 $35다. 셔틀버스 픽업 장소를 미리 알아두어 본인이 투숙한 호텔에서 가까운 곳에서 타면 된다. 폴리네시안 문화센터의 저녁공연(하쇼)이 마무리 되고 나면 다시 와이키키로 오후 10시 30분 정도에 도착한다.

폴리네시안 문화센터
어떻게 즐겨볼까?

통가 섬 체험
'드럼, 통가의 심장 박동'이라는 주제로 창 던지기, 라포 씨앗 던지기, 카누 젓기, 물고기 만들기 등을 체험할 수 있다.

피지 체험
'찬양과 춤을 통한 역사'라는 주제로 대나무 북, 대나무 뗏목 타기, 전통문신 등을 체험할 수 있다. 피지 전통은 사원 같은 곳을 들어갈 때 중앙 출입구를 정확히 들어갈 경우 죽음을 면할 수 있다고 한다.

타히티 섬 체험
'생존 대대로 이어지는 인내'라는 주제로 창 던지기, 전통춤 레슨, 낚시, 코코넛빵 만들기, 현장 결혼식 퍼포먼스 등을 체험할 수 있다.

아오테아로아(뉴질랜드) 체험

'의식과 상징, 과거에 대한 경의'라는 주제로 티티토레아 게임, 1회용 타투 체험, 포이 돌리기, 전사 게임 등을 즐길 수 있다. 티티토레아 게임은 무릎을 꿇고 앉아서 4개의 막대 나무를 가지고 노래나 놀이를 하는 아오테아로아의 전통게임이다.

사모아 체험

'가족과 의무 불'이라는 주제로 불칼 만들기, 직물 짜기, 코코넛나무 오르기, 불 피우기, 나무 타기가 인기 있다. 사모아 남성들은 집안 살림을 도맡아 했고 여성들은 손가락 하나 까딱하지 않았으며, 다산(多産)이 주요 미덕이었다고 한다.

하와이 체험

'영속적 반복이 전통'이라는 주제로 훌라, 우쿨렐레, 항해기술 배우기 등 전통놀이를 경험할 수 있다.

이스터 섬(Easter Island)

폴리네시아 문화권인 칠레령의 이스터 섬을 모형화한 곳이다. 화산석으로 만든 24m의 모아이 석상을 만들어 본토의 분위기를 연출했다.

하와이안 저니(Hawaiian Journey)

화산섬, 거대한 폭포, 해식 절벽 등 하와이의 거대한 자연적 풍경을 4D 아이맥스로 한눈에 감상할 수 있다. 한 시간마다 상영되며 사진이나 동영상 촬영은 금지다.

선상 카누쇼

폴리네시안 문화센터의 하이라이트인 쇼다. 화려한 색상의 전통의상을 입은 폴리네시안 원주민들이 카누 위에서 전통춤을 춘다. 하와이, 통가, 타히티, 아오테아로아, 사모아, 피지 등 6개 섬의 부족이 저마다 지닌 특성을 엿볼 수 있는 시간이다. 선상 카누쇼는 하루에 한 번 14:30부터 15:00까지 진행되며 날씨에 따라 변경될 수 있다.

아오테아로아

사모아

피지

하와이

통가

타히티

카누 패들링

직접 카누를 운전할 수도 있다. 부족별로 마련된 마을 공연을 관람한 후 내려올 때 호쿠파아 카누 선착장에서 타면 된다. 카누를 타면 마을들을 한눈에 담을 수 있다.

뮤지컬 나이트쇼(HA: Breath of Life Show)

100명의 하와이 민속단이 출연해 2시간 동안 펼치는 쇼로 제작비용만 300만 달러 이상이 투자되었다. 폴리네시안 춤과 음악을 표현해 일생을 통해 생명의 숨결이 영속된다는 메시지를 전한다. 공연이 시작되면 내부를 비롯해 모든 사진 촬영이 금지된다.

Tip 알아두면 좋은 폴리네시아 민족에 관한 기본 상식

① 건물의 지붕 높이는 계급을 상징한다. 지붕이 높을수록 계급이 높음을 의미한다.

② 하와이 원주민의 주식은 토란 뿌리였다.

③ 하와이에는 멧돼지 이외의 야생동물은 없었다.

④ 피지 섬에는 식인 문화가 있었다.

⑤ 한국보다 더 보수적인 문화가 존재했다.

⑥ 사모아 섬의 여성은 아무것도 하지 않고 다산만 책임졌다.

하쇼는 주인공 마나(Mana)의 탄생, 성장, 죽음까지의 삶의 순환에 관한 이야기다. 인간이면 누구나 걸어가야 하는 삶의 과정을 마나를 통해 폴리네시안 문화로 풀어낸 내용으로, 인생의 희노애락을 담고 있다.

공연 시작 전
각 마을(통가, 하와이, 아오테아로아, 사모아, 타히티, 피지)별로 전통춤이나 악기 연주, 불쇼 등을 진행하면서 공연 시작을 알린다.

1부
횃불을 든 남자와 악기를 연주하는 여자가 등장한다. 이 두 사람에게 주인공 마나가 탄생되면서 새로운 삶이 시작된다. 마을 사람들은 마나의 탄생을 기뻐하고 즐거워한다. 아버지의 보호 아래 마나는 건강하고 용감한 어른으로 성장한다. 전사로 성장한 마나 앞에 아름다운 여인 라니(Lani)가 등장하고, 마나는 그녀에게 사랑이라는 감정을 느낀다. 사랑하는 여인 라니를 얻으려면 불의 시험을 통과해야 한다. 마나는 불의 시험을 통과하고 라니와 결혼하게 된다. 가장 역동적인 춤으로 결혼의 기쁨이 표현되며 1부가 막을 내린다.

2부
마나와 라니에게 아들이 태어나면서 더욱더 행복하고 복된 날이 계속된다. 하지만 행복한 순간을 송두리째 뒤흔드는 전쟁이 일어난다. 슬픔, 불안과 함께 삶의 행복이 흔들리게 된다. 그럼에도 아들의 생명, 즉 생명의 숨결은 이어지고 삶은 계속된다. 최종적으로 불쇼가 진행되며 각 마을의 복장을 갖춘 모든 출연자들의 인사로 2부가 막을 내린다.

하와이 최고의 말라사다,
레오나즈 베이커리
Leonard's Bakery

레오나즈 베이커리는 1952년 오픈한 하와이 원조 말라사다 빵집이다. 말라사다는 손바닥만 한 크기의 공 모양으로 반죽을 튀겨서 만드는 포르투갈식 도넛이다. 겉이 바삭하고 기름기가 없어 최고의 간식으로 꼽힌다.

레오나즈 베이커리는 최고의 재료만으로 최고의 말라사다를 고집하며 말라사다 이외에도 쿠키, 케이크 등 다양한 메뉴를 판매한다. 하와이 원조 말라사다 빵집답게 아침부터 길게 줄이 늘어서 있다. 이러한 인기에 힘입어 현재 일본 도쿄에서도 매장을 운영하고 있다. 많은 사람들이 말라사다를 찾는 만큼 주위에서 오리지널 말라사다를 따라 한 말라사다를 판매하는 모습을 쉽게 볼 수 있으니 주의하자. 레오나즈 베이커리 근처로 관광 일정을 잡았다면 잠깐 들러 간식으로 준비해보는 것도 좋다.

이용 안내

◆ **영업시간:** 일~목 05:30~22:00, 금~토 05:30~23:00 ◆ **주소:** 933 Kapahulu Ave., Honolulu ◆ **전화:** 808–737–5591 ◆ **홈페이지:** www.leonardshawaii.com

✏️ 느낌 한마디

아침 7시쯤 도착을 했는데 주차장에는 이미 여러 대의 차가 주차되어 있었다. 가게 밖 벤치에서는 한 가족이 말라사다를 맛있게 먹고 있었다. 얼른 말라사다를 맛보고 싶어 가게 안으로 들어갔는데, 내부에 진열된 빵들이 하나도 없어 깜짝 놀랐다. 그리고 유명한 가게 치고는 가게가 너무 허름해서 '혹시 내가 잘못 찾아온 거 아닌가?'라는 의아한 생각이 들었다. 직원에게 묻자 빵은 이미 만들어놓은 것을 판매하는 것이 아니라 주문 즉시 만들고 있었고 6개씩 판매된다고 했다.

가장 기본 세트를 주문해본다. 10여 분 기다리고 나니 분홍색 종이 상자에 담겨 나온 탐스러운 말라사다에 따뜻한 온기가 가득했다. 한입 베어 물곤 깜짝 놀랐다. 아니, 이렇게 부드러울 수가 있단 말인가? 겉의 바삭함, 속의 촉촉함. 그리고 안에 들은 크림의 부드러움이 절묘하게 어우러져 있었다. 겉에 뿌려진 설탕이 조금 과해 보였는데, 적절한 단맛이 자꾸 입맛을 돋우었다. 하루 일정을 마무리하고 저녁 무렵 호텔에 들어와 남은 말라사다를 먹어본다. 그 시간까지도 부드러운 맛이 남아 있었다. 하와이 관광시 말라사다는 꼭 맛보아야 할 간식이다. 레오나즈 베이커리를 들러 최고의 말라사다를 맛볼 것을 강력히 추천한다.

레오나즈 베이커리

어떻게 가야 할까?

▶ 렌터카로 이동하는 방법

① 주소(933 Kapahulu Ave.)를 입력한다.

② 주차장에 주차한다.

③ 레오나즈 베이커리 입구다.

④ 가게 내부에 비치된 메뉴를 보고 본인의 취향에 따라 주문한다.

BAKERY

MALASADAS
PÃÓ - DŌCÉ

Leonard's

CUSTOMER
PARKING

33

노스쇼어의 특별한 주말 맛집,
레이즈 키아웨 브로일드 치킨
Ray's Kiawe Broiled Chicken

말라마 마켓(Malama Market) 주차창 한편에서 주말에만 문을 여는 하와이 전통 스타일의 치킨 매장이다. 트럭에 숯을 가득 넣고 통으로 쇠막대기에 꿰어 서서히 익히는 것이 특징이다. 돌리면서 굽기 때문에 기름기가 빠져 담백하며, 짭짤한 치킨 양념의 맛이 일품이다. 유명세에 걸맞게 관광객, 현지인 할 것 없이 문전성시를 이루어 오후 6시 이전에 모두 팔리고 문을 닫는 경우도 허다하다.

치킨은 반 마리 또는 한 마리를 주문할 수 있으며 음료수, 소스, 밥, 파인애플 코울슬로도 판매한다. 파인애플 코울슬로와 함께 먹으면 아삭한 파인애플 식감과 담백한 치킨의 환상적인 조화를 맛볼 수 있다. 주말에 노스쇼어를 찾는 여행자들이라면 한 번쯤 들러 제대로 된 하와이식 훌리훌리 치킨을 즐겨보자.

이용 안내

◆ **영업시간:** 토~일 09:00~17:00(일일 판매량이 끝나면 오후 5시 이전에 문을 닫음) ◆ **가격:** 반 마리 $6, 한 마리 $10(현금 결제만 가능) ◆ **주소:** 66-160 Kamehameha Hwy., Haleiwa ◆ **전화:** 808-479-9891 ◆ **위치:** 말라마 마켓 주차장

> **Tip**
>
> 주문할 때 whole(통으로 먹기를 원할 때), chopped(8~10조각으로 잘게 썰기를 원할 때) 등의 영어 단어를 알아두면 치킨 픽업시 유용하다.

✎ 느낌 한마디

한국 길거리에 회전식 치킨트럭이 있다면 할레이바 타운에는 훌리훌리 치킨이 있다. 멀리서부터 하얀 연기와 숯불에 구워지는 치킨 냄새가 진동을 한다. 한쪽에서는 잘 구워진 치킨을 자르고, 다른 한쪽에서는 양념을 만들고, 또 다른 한쪽에서는 구슬 같은 땀을 쏟으며 긴 꼬챙이에 끼워진 치킨을 수동으로 굽고 있다. 주문을 하고 기다리자 번호표에 적힌 번호를 부른다. 노릇하게 구워진 치킨이 맛있어 보인다. 짭조름하면서도 기름기가 쫙 빠진 육질에 담백함을 더했다. 주말 할레이바 타운의 명소가 된 듯 이미 줄은 끝없이 이어져 있다. 주말에 할레이바 타운을 찾는다면 대표 길거리 음식인 훌리훌리 치킨을 맛보자.

레이즈 키아웨 브로일드 치킨
어떻게 가야 할까?

① 할레이바 타운 롱스 드럭스 주소(66-197 Kamehameha Hwy.)를 입력한 후 이동한다. 또는 말라마 마켓 주소(66-160 Kamehameha Hwy.)를 직접 입력한 후 이동한다.

② 말라마 마켓 주차장에 주차한다.

③ 주문한 후 번호표를 받는다.

Tip

롱스 드럭스 왼편에 위치한 '라니 카이 주스'에 들러 아사이볼 또는 스무디로 후식을 즐겨보자.

카후쿠 새우트럭의 한류,

페이머스 카후쿠 새우트럭

Famous Kahuku Shirimp

2010년부터 시작된 한국식 카후쿠 쉬림프의 원조다. 한국인이 운영하는 새우트럭이지만 현지인들이 더 많이 찾는 곳으로 유명하다. 지오반니스보다 가격이 저렴하며 한국인들의 입맛에 맞춘 매운 새우와 버터 갈릭 쉬림프가 인기 메뉴다. 버터 갈릭 쉬림프는 이름만 들었을 때 버터 때문에 느끼할 거라고 생각할 수 있지만 전혀 느끼하지 않고 담백하다. 특별한 메뉴를 즐기고 싶다면 부드러운 코코넛 소스가 들어간 새우구이를 추천한다.

낯선 이국땅에서 듣는 주인장의 구수한 남도 사투리가 음식 맛을 더해준다. 손으로 막 휘갈기듯 써놓은 새우요리 간판이 카후쿠 거리와 무척이나 잘 어울린다. 노스쇼어 방문시 한국식 새우요리를 즐기고 싶다면 이 집의 매운 새우요리를 즐겨보자.

이용 안내

◆ 영업시간: 10:00~18:00 ◆ 가격: $12~ ◆ 주소: 56-565 Kamehameha Hwy, Kahuku ◆ 전화: 808-389-1173

✏️ 느낌 한마디

10년도 채 되지 않았지만 특별한 레시피 개발로 한국인의 입맛에 어울리는 매운 새우를 만들었다. 하지만 정작 한국인보다 현지인들에게 더 인기 있는 메뉴가 되었다. 버터 갈릭 쉬림프를 주문해본다. 하얀 쌀밥이 찰밥처럼 기름지고 탱탱한 새우 살이 쫄깃함을 전해준다. 버터를 머금어 느끼할 것 같던 새우요리가 다 먹을 때까지도 담백함을 더해주었다. 신혼여행을 온 한국인 부부가 아는 체를 한다. 외국에서, 그것도 이렇게 먼 노스쇼어에서 같은 음식을 먹기 위해 찾아온 한국인 부부가 반가울 따름이다. 맛이 어떠냐고 물으니 이내 엄지를 척 세웠다. 그랬다. 페이머스 카후쿠 새우 트럭은 현지인이나 우리에게 엄지를 척 세울 정도의 맛깔스러움이 있었다.

페이머스 카후쿠 새우트럭
어떻게 가야 할까?

① 주소(56-565 Kamehameha Hwy.)를 입력한 후 이동한다.

② 페이머스 카후쿠 새우트럭 뒤편에 주차장이 있다.

③ 언덕 위에 마련된 새우트럭으로 이동해 주문한다.

TICKETS ↑

RESTROOMS ↗

Pacific Theater ↗

EXIT ←

MINI BUSES ←

PARKING ←

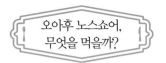
숨겨진 맛집의 일품 돼지등갈비,

엉클 보보스

Uncle Bobo's

노스쇼어 해안가에 위치한 돼지등갈비 가게다. 특별한 양념을 입힌 신선한 재료를 시간에 맞추어 천천히 훈제한다. 엉클 보보스의 바비큐가 특별한 이유는 마늘과 양파가 들어간 이 집만의 특제소스 때문이다. 달거나 자극적이지 않은 특제소스는 더특별한 수제 바비큐를 만든다. 돼지고기 특유의 냄새도 없고 무엇보다 살코기가 부드러워 뼈와 고기가 깔끔하게 분리되어 쉽게 먹을 수 있다. 하와이 노스쇼어 지역의숨겨진 맛집이다. 홈메이드 바비큐 소스가 일품이며 노스쇼어를 구경한 후 와이키키로 돌아오면서 한번 들러보면 좋다. 참고로 갈비만 따로 맛볼 수도 있다. 갈비와함께 식사를 원할 경우 '플레이트(plate)'로, 갈비만 원할 경우 '립 온니(rib only)'로주문하면 된다.

72번 해안도로에 위치한 엉클 보보스는 가게 간판, 주위에 상점도 없는 허름한 집이다. 카드 결제는 받지 않고 현금만 가능하다. 바비큐 이외에 샌드위치(pork shoulder sandwich), 치즈 케사디야(cheese quesadilla) 등도 맛있다. 와이키키에서 동부 해안 쪽을 관광한 후 노스쇼어로 올라갈 경우나 노스쇼어를 구경한 후 와이키키로 내려올 때 시간이 되면 한 번 들러보자.

이용 안내

◆ **영업시간:** 화~금 11:00~17:00, 토~일 11:00~18:00(월요일 휴무) ◆ **가격:** 샌드위치 $8.95~, 바비큐만 $12.95, 바비큐 식사류 $9.75~(현금 결제만 가능) ◆ **주소:** 51-480 Kamehameha Hwy., Kaaawa, HI 96730 ◆ **전화:** 808-237-1000 ◆ **홈페이지:** www.unclebobos.com

---

🖊 느낌 한마디

이보다 더 부드러운 등갈비를 맛볼 수 있을까? 한 입 베어 물기가 무섭게 옷을 벗듯 뼈와 살코기가 부드럽게 분리된다. 아이들도 쉽게 먹을 수 있을 정도로 육질이 부드럽다. 이 집의 특제소스에 찍어 먹어본다. 맵지 않은 소스와 절묘하게 어우러진 돼지등갈비가 한층 맛을 더한다. 구석진 시골에 이런 좋은 맛집이 있다는 것이 신기할 정도다. 말라사다, 커피 등 간식거리로 가볍게 먹을 수 있는 것도 준비되어 있다. 밖으로 나오니 노란 파라솔이 인상적이다. 파라솔 아래에서 커피와 함께 담소를 나누는 현지인들의 웃음소리가 더없이 맑다. 기분 좋은 식사를 마무리하고 와이키키로 이동한다. 폴리네시안 문화센터에서 하쇼를 구경하지 않고 와이키키로 이동하는 여행자들은 잠깐 들러 가볍게 식사할 수 있는 곳이다.

엉클 보보스

어떻게 가야 할까?

① 주소(51-480 Kamehameha Hwy.)를 입력한다. 폴리네시안 문화센터에서 8mil(13km) 떨어져 있다.

② 목적지 근처 도로변에서 노란 간판을 볼 수 있다.

③ 가게로 들어가 주문한다. 포장해 갈 경우에 용기 비용이 추가된다.

We are not a
"Fast Food Restaurant."
We do the best we can
to be as quick as possible.
Please allow us time
to prepare your meal.

Uncle Bobo's
GOURMET
BBQ
SAUCE

Uncle Bo
GOURM
BB

Coca-Cola
zero

중국인들의 모자를 닮은 모자섬,
모콜리이 섬
Mokolii Island

쿠알로아 리저널 파크(Kualoa Regional Park)에 가면 모콜리이 섬을 볼 수 있다. 일명 '중국인 모자섬'이라고도 불리는데, 옛날 하와이에서 일하던 중국인들이 썼던 모자와 닮아 그렇게 부른다고 한다. 녹색 잔디밭과 바다, 그리고 모콜리이 섬이 아름답게 조화를 이루고 있다. 모콜리이 섬을 충분히 감상했다면 아름다운 쿠알로아 리저널 파크를 바라보자. 다른 해변과 다르게 해변 앞까지 펼쳐진 잔디밭은 여행자들에게 편안함을 안겨주며, 특히 뒤쪽에 위치한 코올라우 산맥의 풍광은 탄성을 자아낸다. 모콜리이 섬과 코올라우 산맥은 넋놓고 바라보게 만들 정도다. 쿠알로아 목장을 방문하고자 하는 여행자는 뒤편에 위치한 코올라우 산맥 쪽으로 이동하면 된다. 숨 가쁘게 달려온 셋째 날, 모자섬을 바라보며 노스쇼어 관광을 마무리하자.

이용 안내

◆**개방시간:** 07:00~20:00 ◆**주차료:** 무료 ◆**주소:** 49-479 Kamehameha Hwy., Kaneohe ◆**전화:** 808-237-8525 ◆**편의시설:** 샤워시설, 화장실, 주차장 ◆**위치:** 쿠알로아 리저널 파크

✏️ 느낌 한마디

공원 입구부터 저 멀리 모콜리이 섬이 보인다. 공원에는 주말을 맞아 많은 현지인들이 피크닉을 즐기고 있다. 하와이는 다른 열대지방에 비해 날씨가 좋은 편이다. 바다에서 바람이 솔솔 불어와 끈적거림도 전혀 없고 시원하다. 어느덧 해가 뉘엿뉘엿 넘어가고 있다. 붉게 물든 노을이 잔디밭을 자줏빛으로 바꾸어놓았다. 표현할 수 없는 평화로움이 가슴 깊이 밀려온다. 모콜리이 섬을 배경으로 연인들이 사진촬영에 여념이 없다. 그런 그들을 카메라에 담아본다. 섬과 해변 사이에 검은 점처럼, 아니 그들이 큰 모자를 눌러쓰고 있는 재미있는 사진이 되었다. 고개를 돌리니 모콜리이 섬 반대편의 산자락이 고운 자태를 뽐내고 있다. 이런 섬 지역에 어떻게 저런 아름다운 자태의 산자락과 해변이 있을 수 있을까? 생각하면 할수록 하와이는 축복의 땅이다.

Tip 오아후 북부의 비경, 라이에 포인트(Laie Point)

낚시와 절벽 다이빙을 하기 위해 찾는 곳이다. 영화 〈사랑이 어떻게 변하니?〉 중 주인공이 이곳에서 클리프 점프를 하면서 더욱더 알려졌다. 폴리네시아 문화센터 가까운 곳에 있으니 잠깐 들러 추억을 남겨보자.
입장료: 무료 **주소:** Laie Point State Wayside, Laie **주차:** 주차 공간이 협소하지만 대부분 사진 찍고 바로 이동하므로 주차 확보가 가능하다.

 동영상 중국인 모자를 닮은
'모콜리이 섬'

모콜리이 섬

어떻게 가야 할까?

▶ 렌터카로 이동하는 방법

① 주소(49-479 Kamehameha Hwy.)를 입력하고 이동한다.

② 쿠알로아 리저널 파크 입구에 도착하면 근처 주차장으로 이동해 주차한다. 폴리네시안 문화센터에서 13mil(20km), 엉클 보보스 식당에서 4mil(7km) 거리다.

③ 주차 후 도보로 모콜리이 섬이 보이는 지점까지 이동한다.

▶ 더 버스로 이동하는 방법

알라모아나 쇼핑센터에서 더 버스 55번을 타고 쿠알로아 리저널 파크에서 하차한다.

넷째 날

오아후 꿈의 드라이브 코스,
동부 관광

HAWAII

여행지를 다니다 보면 자연의 아름다움이 숨어 있는 곳이 있다. 그곳만이 가지고 있는 아름다움을 느끼고, 자연을 벗 삼아 액티비티를 즐기고 싶을 때도 있다. 오아후 동부에는 이러한 잇 플레이스들이 곳곳에 가득하다. 바다에 뛰어들어 스노클링도 즐기고, 제일 높은 전망대에 올라 오아후를 한눈에 담아보고, 고운 백사장을 거닐며 하와이 낭만에 젖어보자.

일정 한눈에 보기

다이아몬드 헤드 ▶ 하나우마 베이 ▶ 카일루아 비치 파크 ▶

누우아누 팔리 전망대

누우아누 팔리 전망대

탄탈루스 언덕

다이아몬드 헤드

할로나 블로

하나우마 베이

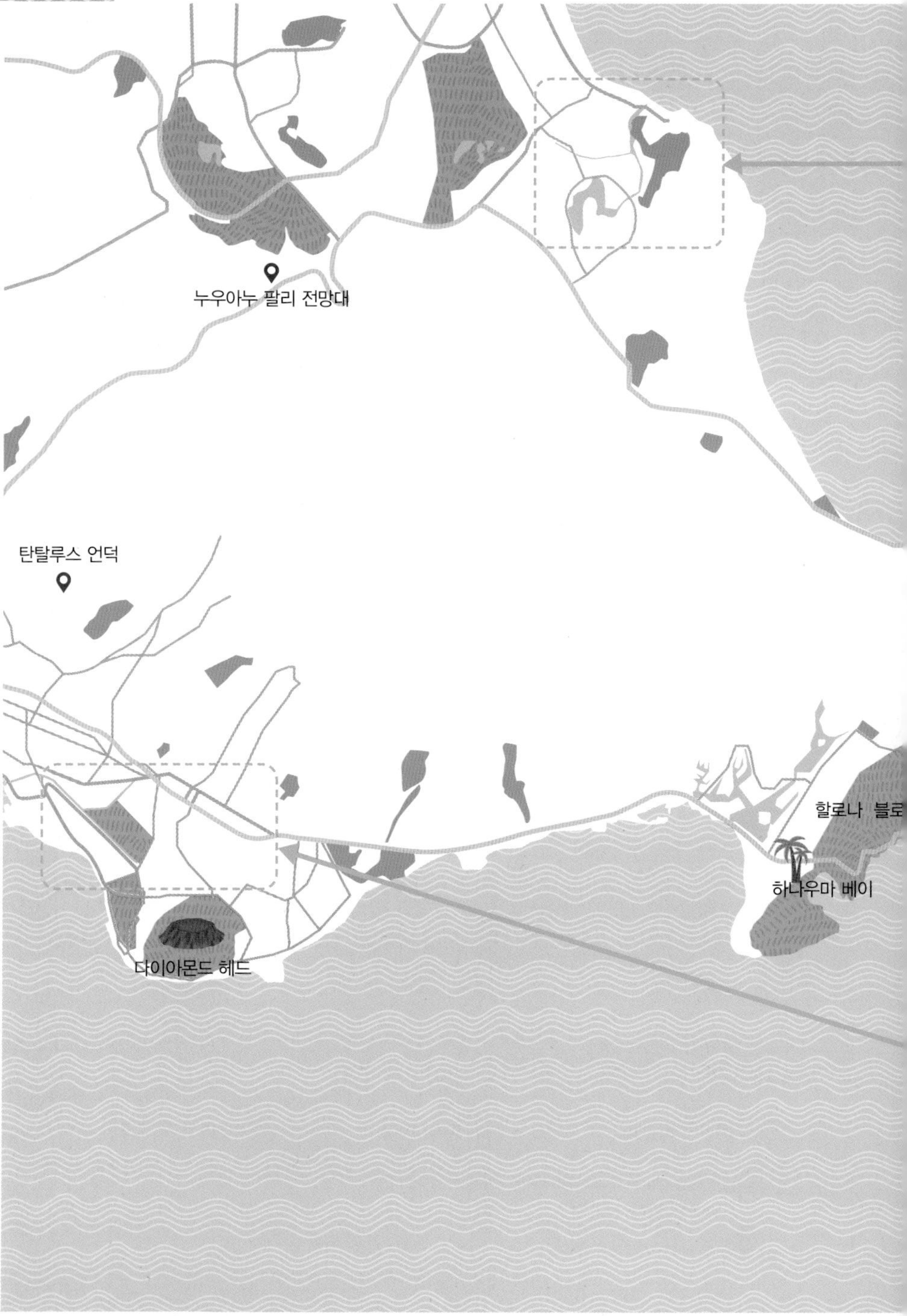

카일루아 비치 파크

시나몬 레스토랑

아일랜드 스노우

홀 푸드 마켓

페데고

부츠 앤 키모스

라니카이 비치

카푸우 포인트 전망대

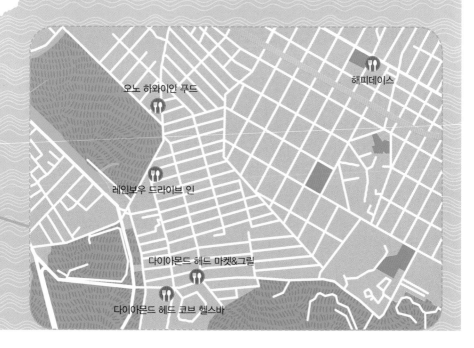

오노 하와이안 푸드

해피데이스

레인보우 드라이브 인

다이아몬드 헤드 마켓&그릴

다이아몬드 헤드 코브 헬스바

보석처럼 빛나는 오아후 섬의 상징,

다이아몬드 헤드
Diamond Head

약 20만 년 전에 생성된 것으로 추정되는 다이아몬드 헤드는 산처럼 보이지만 사실 15만 년 전에 비활성화된 분화구다. 미국의 천연기념물로 가장 인기 있는 장소이자 호놀룰루의 상징으로, 하와이 말로 '라에아히(참치의 눈썹)'라고도 불린다.

다이아몬드 헤드는 짧은 시간의 분화활동 때문에 낮은 높이(232m)로 형성되어 누구나 손쉽게 오를 수 있는 하이킹 코스로도 유명하다. 지하터널, 군용벙커, 용암동굴, 가파른 99개의 계단, 나선형 계단을 지나 총 1.1km의 트레킹 코스를 지나면 정상에 도달할 수 있다. 미군의 군사 기지인 포트라가 있어 화구 쪽만 드나들 수 있으며, 기존의 가파른 계단과 함께 완만한 계단을 만들어 노약자나 어린이들도 쉽게 정상에 도달할 수 있다.

다이아몬드 헤드라고 명명한 것에는 1778년 하와이 제도를 처음 발견한 쿡 선장이 분화구 정상의 반짝거리는 것을 다이아몬드로 착각해 불렀다는 설과, 분화구에서 실제 다이아몬드가 발견되었다는 영국 선원들의 주장에 따른 설이 있다. 하지만 영국 선원들은 햇빛을 받아 반짝거리는 방해석 결정들을 다이아몬드로 착각한 것이었다.

다이아몬드 헤드에서는 와이키키와 오아후 남쪽의 탁 트인 전망을 볼 수 있기 때문에 1900년대 초에는 전략적 군사 요충지로 사용했다. 1968년에는 다이아몬드 헤드를 국가 자연 랜드마크로 선언했다.

다이아몬드 헤드 뒤편에는 오랜 시간 바닷물의 침식작용으로 낭떠러지가 형성되어 경치가 아름답다. 여기서도 와이키키와 오아후 남부 해안의 전경을 한눈에 담을 수 있으니 이곳에서도 오아후를 감상해보자.

이용 안내

◆ **개방시간:** 06:00~18:00(최종 입장은 16:30) ◆ **입장료:** $1 ◆ **주차료:** $5(렌터카 이용시) ◆ **주소:** 4200 Diamond Head Rd., Honolulu ◆ **전화:** 808-587-0300 ◆ **홈페이지:** www.hawaiistateparks.org

Tip

다이아몬드 헤드 입구 이외에는 생수를 파는 곳이 없기 때문에 생수나 가벼운 간식거리는 미리 준비하는 것이 좋다. 또 하이킹 코스에서는 화장실을 찾을 수 없으므로 등산로 초입에 있는 화장실을 이용한 후 올라 가야 한다.

동영상
오아후 섬의 상징
'다이아몬드 헤드'

다이아몬드 헤드 표지판이 있는 도로변에 도착했다. 대부분 주차장까지 차로 올라가는데, 그 사이사이에 조깅을 하면서 올라가는 부부, 자전거를 타고 올라가는 사람들, 풍광을 즐기면서 걸어가는 여행자들 등 참 다양한 모습이 보인다. 입구에서 올려다보니 동네 뒷동산 정도의 나지막한 산으로 보인다. 하지만 그늘이 없어 강렬하게 내리쬐는 햇빛을 고스란히 받으며 이동해야 했다. 내 앞으로 5살 남짓한 아이가 부모 손에 의지한 채 발걸음을 옮기고 있다. 저 꼭대기에는 무엇이 있는 걸까? 잘 닦여진 포장도로를 벗어나니 비포장도로가 나온다. 내려오는 사람들의 얼굴 표정이 하나같이 맑고 아름답다. 정상에는 저런 표정을 짓게 하는 특별한 무언가가 있을 것이다.

빨리 감동을 느끼고 싶어 가파른 계단을 택했다. 벙커 같은 동굴을 빠져나오니 감탄이 절로 나오게 만드는 정경이 펼쳐졌다. 파란 물감을 머금은 듯한 바다와 죽죽 자란 와이키키의 빌딩들 모습이 한 폭의 풍경화 같았다. 대체 저 바다 색깔을 어떤 단어로 표현할 수 있단 말인가? 내 눈과 가슴에 담겨진 아름다운 바다를 표현할 방법이 없다. 한참 동안 사방을 둘러보았다. 이 아름다운 풍광 때문에 5살배기 아이도 할아버지도 할머니도 다이아몬드 헤드를 찾는 것이었다.

다이아몬드 헤드
어떻게 가야 할까?

▶ 렌터카로 이동하는 방법

① 주소(4200 Diamond Head Rd.)를 입력한 후 이동한다.

② 목적지 도착 알림이 울리면 다이아몬드 헤드 이정표를 볼 수 있다.

③ 다이아몬드 헤드 초입에서 오르막길을 올라간다.

④ 터널을 지난다.

⑤ 주차료를 지불한 후 주차한다. 주차장에 공간이 없다면 터널 전 간이 주차장에 주차한 후 도보로 이동한다.

▶ 더 버스로 이동하는 방법

① 쿠히오 거리에서 9번, 23번, 24번 버스를 타고 이동한다. 요금(편도요금 $2.5~)을 정확하게 넣는다.

② 다이아몬드 헤드 정류장에 도착한다.

③ 초입부터 주차장까지 10~20분 정도 걸어서 이동한다.

▶ 택시로 이동하는 방법

와이키키에서 이동할 경우 편도요금이 $15~$20 정도 나오므로 가족 여행시 이용하면 좋다.

▶ 트롤리 버스로 이동하는 방법

편도는 따로 없고 데이 패스DAY PASS($30~)를 구매해야 하므로 비용적 측면을 고려해야 한다. 만약 트롤리 버스를 이용한다면 와이키키 비치를 볼 수 있는 오른편 좌석에 앉아서 이동하는 것이 좋다.

다이아몬드 헤드
어떻게 즐겨볼까?

완만한 경사의 초입 코스

주차장에서 출발하는 초입 코스는 포장도로라서 산책하듯이 가볍게 걸을 수 있다. 다이아몬드 헤드를 오르기 전 생수를 사자. 선크림은 필수이며, 가벼운 운동화를 신고 걷는 것이 편하다.

약간 경사진 오르막길 코스

비포장의 산길로 가장 긴 코스다. 햇볕을 피할 수 있는 장소가 없기 때문에 서두르지 않고 천천히 걷는 것이 좋다. 이 코스 끝에 있는 전망대에서는 하나우마 베이의 코코헤드까지 바라볼 수 있다.

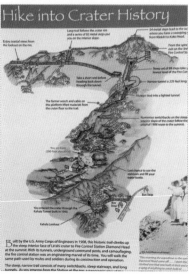

약간 경사진 계단을 지나 터널을 통과하면 오른쪽으로 99개의 가파른 계단이, 왼쪽으로 완만한 계단이 나온다. 기존의 가파른 계단을 오르면 빨리 오를 수 있지만 정상에 올라야 풍경을 감상할 수 있다. 완만한 계단을 통해서 이동하면 오르면서 풍경을 구경할 수 있다.

다이아몬드 헤드 정상에 오르면 와이키키와 산호초가 가득한 바다를 볼 수 있다. 짧은 하이킹으로 이 정도의 선물을 받을 수 있는 곳이 하와이에 또 어디가 있을까? 잠시 바닷바람을 맞으며 힐링의 시간을 가져보자.

다이아몬드 헤드 마켓&그릴(Diamond Head Market & Gril)

디저트, 샐러드, 샌드위치, 도시락 등을 판매하며, 그 중 블루베리 크림치즈 스콘이 유명하다. 다이아몬드 헤드에서 차로 7분 거리에 위치해 있으며, 주차장이 마련되어 있다.

다이아몬드 헤드 코브 헬스바(Diamond Head Cove Health Bar)

인기 메뉴는 딸기, 바나나, 꿀, 그래놀라, 블루베리가 들어간 아사이볼로 양이 푸짐해 한 끼 식사로도 충분하다. 이외에도 샐러드, 오믈렛, 스무디, 피쉬랩을 먹을 수 있다. 다이아몬드 헤드에서 차로 10분 미만 거리(1.2mil)에 위치해 있다.

영업시간: 06:30~21:00 **주소:** 3158 Monsarrat Ave., Honolulu **전화:** 808-732-0077 **홈페이지:** www.diamondheadmarket.com

영업시간: 월·금~일 10:00~20:00, 화~목 10:00~23:00 **주소:** 3045 Monsarrat Ave., # 5 Honolulu **전화:** 808-732-8744 **홈페이지:** www.diamondheadcove.com

KCC 파머스 마켓(KCC Farmaer's Market)

농부들이 직접 기른 신선한 과일, 농작물, 꿀을 비롯해 간식류인 베이커리, 음료, 아사이볼, 피자 등 다양한 먹거리를 파는 다이아몬드 헤드의 시장이다. 토요일 오전이나 화요일 오후에 다이아몬드 헤드를 찾는다면 한 번 들러볼 만하다. 와이키키에서 더 버스 2번을 타면 파머스 마켓까지 바로 이동할 수 있다.

영업시간: 토 07:30~11:00, 화 16:00~19:00 **주소:** 4303 Diamond Head Rd., Honolulu

---

 특별한 선셋 하이킹, 코코헤드(Koko Head)

1만 년 전 화산폭발로 형성된 코코헤드는 하이킹 코스에 시작부터 끝까지 철로가 놓여 있어 유명하다. 철로는 제2차 세계대전 당시 군수물자나 군인들을 운반하기 위해 사용되었던 것으로, 코코헤드 정상에는 군인들이 사용하던 초소의 흔적이 남아 있다. 코코헤드는 높이 360m로 높은 편은 아니지만 정상까지 이어지는 총 1,048개의 철로 침목이 계단 역할을 해 만만치 않은 체력을 요구한다. 하단부터 500개 계단까지는 완만한 경사를 이루고 있지만, 그 이상부터는 70도 정도의 경사길이다. 낮에 코코헤드를 찾는 여행자들은 선크림, 수건, 생수는 필수로 준비해야 한다.

산 정상까지 오르는 철로 주변에는 햇볕을 피할 수 있는 그늘이 전혀 없다. 500개 정도의 철로를 지나면 밑이 훤하니 뚫린 철길이 나오는데 고소공포증이 있거나 이 길이 부담스러운 여행자들은 오른쪽에 마련되어 있는 다른 길로 올라가면 된다. 철로를 따라 중간 정도 올라가면 좌측에 한국 지도마을이 있으며, 정상에 도착하면 하나우마 베이, 조용한 하와이 카이 마을, 잔잔한 호수, 하나우마 베이 사격 연습장, 에메랄드빛을 자랑하는 푸른 바다, 72번 도로까지 제대로 눈 호강을 즐길 수 있다. 해가 지기 1시간 전에 오르면 다른 지역에서 맛볼 수 없는 최고의 노을을 구경할 수도 있다. 하와이 최고의 잇 플레이스 코코헤드를 방문해 오아후를 한눈에 담아보자.

입장료: 무료 **주소:** 423 Kaumakani St., Honolulu

스노클링의 세계적인 명소,

하나우마 베이

Hanauma Bay

하와이 말로 '하나(Hana)'는 '만(灣)'을, '우마(Uma)'는 '곡선'을 뜻한다. 화산폭발로 만들어진 610m의 해변이 오아후 동쪽 해안을 따라 위치해 있다. 옛날에는 하와이 왕족들의 물놀이 장소였지만 현재는 세계적인 관광지가 되었다. 하와이 제도에서 첫 번째로 선정된 해양생물보호지역으로 철저한 관리와 보호 아래 바닷속 생태계 가 깨끗하게 유지되고 있는 수중공원이기도 하다. 오아후 섬에서도 가장 아름다운 해변을 자랑한다. 눈부신 백사장, 산호초, 녹색거북, 400여 종이 넘는 형형색색의 열 대어를 볼 수 있으며, 1967년 주립공원으로 지정되면서 낚시, 생물들의 소유, 해양 동물과 산호초를 만지는 일, 먹이를 주는 등의 불법행위는 철저하게 관리되고 있다.

앞바다에 있는 암초들은 바다에서 밀려드는 거친 파도와 해류를 막아주어 최적의

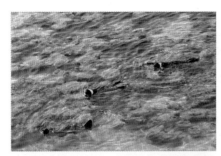

스노클링 장소를 만들어준다. 또 수심이 얕아 수영을 못하거나 스노클링의 경험이 없어도 남녀노소 누구나 안전하게 스노클링을 즐길 수 있다. 스노클링 장비는 현장에서 빌릴 수도 있다.

　주차장이 좁기 때문에 이른 시간의 방문을 권장하며, 해양보호 차원에서 매주 화요일에 문을 닫는 것에 유념하자. 오랜 기간 인기를 누리고 있는 세계적 관광지 하나우마 베이를 찾아 스노클링을 즐겨보는 것은 어떨까? 하와이 여행에서의 또 다른 추억을 안겨줄 것이다.

이용 안내

◆ **개장시간:** 06:00∼18:00(화요일 휴무) ◆ **입장료:** $7.5∼(12세 이하 무료) ◆ **장비대여:** 로커 $7∼, 구명조끼 $7∼, 오리발+물안경 $13.50∼ ◆ **보증금:** 신분증 또는 $30∼ ◆ **주차료:** $1∼(주차공간이 협소해 아침 일찍 찾는 것이 좋다.) ◆ **주소:** 100 Hanauma Bay Rd., Honolulu ◆ **전화:** 808-396-4229 ◆ **홈페이지:** www.hanauma-bay-hawaii.com

Tip

렌터카를 이용한다면 귀중품을 차량 내부에 보관하지 말자. 창문을 부순 후 귀중품을 훔치는 사건이 종종 발생하기 때문에 사전에 주의해야 한다.

✎ 느낌 한마디

팔로 바다를 감싸 안은 모양이다. 입구에서 바라본 하나우마 베이의 멋진 모습에 눈이 휘둥그레진다. 관광객의 주머니를 노리는 잡상인들이 난무하는 다른 관광지와 달리 하나우마 베이는 그런 불편함이 없어 좋다. 무엇보다 환경을 고려해 자연 그대로의 모습을 유지하고 있는 것이 인상적이다. 신발을 벗고 바다로 나가본다. 산호초가 많아 걸어다니는 것이 조금 불편할 뿐 수심이 얕아 선 채로 각양각색의 고기를 구경할 수 있다. 놀랍게도 백사장과 가까운 곳까지 열대어들이 춤을 춘다. 이렇게 가까이서 열대어를 볼 수 있는 곳이 또 어디 있을까? 장비를 착용하니 눈이 바쁘다. 열대어들이 마치 식사시간에 맞추어 식당에 모여든 듯 자리를 틀고 있다. 형형색색의 물고기를 가슴에 담고 기분 좋게 하나우마 베이 관광을 마무리한다. 샤워시설이 있어 짠 물기만 제거하고 다음 코스로 이동할 수 있다.

하나우마 베이는 주차장이 만석이 되면 공간이 확보되기 전까지 관광객들을 돌려보내기 때문에 아침 일찍 찾는 것이 좋다. 하나우마 베이에서 스노클링으로 잊을 수 없는 액티비티를 즐겨보자.

하나우마 베이
어떻게 가야 할까?

① 주소(100 Hanauma Bay Rd.) 입력 후 이동한다.

② 주차료를 지불한 후 주차장에 주차한다.

③ 입구에서 티켓을 구매한다.

④ 비디오 상영 전 박물관을 간단하게 둘러본다.

⑤ 비디오 상영 후 입장한다.

하나우마 베이

어떻게 즐겨볼까?

입구에서 비디오 관람

'물고기에게 먹이를 주지 마라' '선크림을 바르고 물에 들어가지 마라' '산호초를 만지거나 밟지 마라' 등 하나우마 베이에서의 주의사항에 관한 비디오가 상영된다. 2장의 티켓 중 한 티켓에 비디오 상영시간이 기재되어 있다.

스노클링 장비 대여점

장비를 사전에 구입하지 않은 여행자들은 장비대여점에서 빌리면 된다. 일정 중 1회 이상 스노클링이 계획되어 있거나 다른 사람이 사용한 것을 재사용하는 것이 불편하다면 월마트 등에서 구입하자. 물이 깊지 않기 때문에 평소 수영장에서 사용하는 물안경을 준비해가는 것도 방법이다.

트램 이용

걸어서 내려가기 불편한 노약자나 어린아이들이 주로 이용하는 교통수단이다. 스노클링을 마치고 올라올 때 이용해보는 것도 좋다.
이용료: 종일티켓 $2, 편도티켓 $1~1.25

장비 대여: 로커 $7~, 구명조끼 $7~, 오리발+물안경 $13.50~ **보증금:** 신분증 또는 $30~

스노클링

장비 없이 바다에 들어가더라도 물이 맑아 형형색색의 열대어, 거북이 등을 구경할 수 있다. 물속에 산호가 많기 때문에 발이 산호에 걸려 상처가 날 수 있으므로 아쿠아 슈즈를 착용하는 것이 좋다.

샤워시설

샤워시 비누, 샴푸 등은 사용할 수 없다. 다음 일정을 위해 간단하게 바닷물만 씻어낸다는 마음으로 이용하자.

Tip1 오아후 동부에서 드라이브로 들리는 촬영 명소

한국 지도마을(Korea Peninsula Town Lookout)

'마리나 릿지(Mariners Ridge)'라는 마을로 카이저 엔지니어링(Kaiser Engineering)이라는 회사가 1970년에 택지로 개발했다. 도로 주변으로 집들이 세워지면서 그 모양이 한반도와 비슷해져 한국 지도마을이라고 불린다.

위치: 하나우마 베이에 도착하기 200m 전 왼쪽 간이 전망대에서 볼 수 있음

할로나 블로우 홀(Halona Blow hole)

화산폭발로 만들어진 용암동굴 사이로 마치 고래가 물을 뿜는 것 같이 태평양의 바닷물이 솟구쳐 장관을 이루는 장소로 오아후 섬의 필수 관광코스다. 바람 부는 날이나 조수 간만의 차가 클 때 찾으면 스프레이를 뿌리는 듯 물을 뿜는 모습을 볼 수 있다. 이곳에서 보는 해안선은 천혜의 풍광을 자랑한다.

주소: Halona Blow Hole, Honolulu
위치: 하나우마 베이에서 약 2km에 떨어진 곳에 위치

마카푸우 포인트 전망대(Makapuu Lookout)

마나나 섬, 카오히카이푸 섬을 볼 수 있는 곳으로 오아후 동부 최고의 전망을 자랑한다. 바람이 좋아 패러글라이딩을 즐기는 사람들을 종종 볼 수 있다. 마카푸우 등대 트레일을 걷는 대신 잠시 들러 태평양의 풍광을 즐기기에 좋다.

주소: Makapuu Point State Wayside, Honolulu
위치: 마카푸우 등대를 지나면 이정표를 볼 수 있음

마나나 섬(Manana Island)

토끼 모양을 닮았다고 해 토끼섬이라고도 부르고, 사자가 수영하는 모양을 닮았다고 해 사자섬이라고도 한다. 처음 하와이에 미국인들이 들어올 때 하와이에 없었던 다양한 동물들을 데리고 들어왔는데, 그 중 토끼가 포함되어 있었다. 가져온 토끼의 번식이 너무 빨라 개체 수가 급작스럽게 증가했고, 모든 토끼를 잡아 이 섬에 내려놓게 되어 토끼섬이 되었다는 설화가 내려온다.

위치: 마카푸우 포인트 전망대에서 볼 수 있음

하나우마 베이 출구에서 카일루아 비치 파크 주소(248 N Kalaheo Ave.)를 입력한 후 동부 해안을 따라 이동하면 ②~④의 이정표를 쉽게 볼 수 있다.

윈드서핑의 메카이자 오아후 최고의 해변,

카일루아 비치 파크
Kailua Beach Park

2개의 바다라는 뜻을 지닌 카일루아 비치 파크는 800m에 이르는 백사장, 에메랄드 빛 바다에서 윈드서핑, 보디서핑, 카약, 패러세일링 등을 즐길 수 있는 매력적인 곳이다. 해변 주위에는 스쿠버숍, 카약 대여점을 비롯해 팬케이크 전문점, 오바마 대통령이 즐겨 마셨던 쉐이브 아이스, 가볍게 한 끼 식사를 해결할 수 있는 카일루아 타운도 있다. 카일루아 비치 서쪽에는 파도가 부드럽고 잔잔해 아이들 놀이터로 안성맞춤인 칼라마 비치가 있고, 동쪽에는 아름다운 백사장의 라니카이 비치가 있다.

 카일루아 비치는 피크닉을 즐기는 모습, 애완동물과 산책을 즐기는 모습 등을 볼 수 있어 평화롭다. 호놀룰루에서 30분도 걸리지 않는 가까운 거리의 아름다운 해변 카일루아 비치 파크를 즐겨보자.

이용 안내

◆**개방시간**: 24시간 ◆**입장료**: 무료 ◆**주차료**: 무료 ◆**주소**: 526 Kawailoa Rd., Honolulu, HI96734 ◆**전화**: 808-266-7652 ◆**부대시설**: 화장실, 샤워장, 피크닉 시설 무료

✏️ 느낌 한마디

하와이를 여행하면서 부러운 것 중 하나가 비치 파크였다. 비치 파크에 마련된 피크닉 시설과 끝없이 펼쳐진 푸른 녹음, 반얀 트리, 그리고 바로 달려갈 수 있는 근거리의 고운 모래사장…. 쉬고 싶고 자연을 만끽하고 싶을 때 이보다 더 좋은 장소가 있을까?

오바마 대통령이 사랑했다는 카일루아 비치도 그랬다. 아니, 더 아름다웠다. 모래사장을 가족이 함께 걷는 모습, 연인들이 카누를 타는 모습, 해변에서 낚시를 즐기는 모습, 여유롭게 바다를 벗삼아 패러세일링을 즐기는 모습 등 평화로움이 곳곳에 가득했다. 해변을 거니는 것만으로도 여행자의 가슴에 따뜻함이 전해져오는 카일루아 비치! 동부 해안을 여행하며 이곳을 빠뜨린다면 대체 어디를 가야 한단 말인가? 동부의 명소 카일루아에서 가장 행복한 시간을 즐겨보자.

카일루아 비치 파크
어떻게 가야 할까?

▶ 렌터카로 이동하는 방법

① 주소(526 Kawailoa Rd.)를 입력한 후 이동한다.

② 목적지 알림 메시지가 울리면 카일루아 비치 이정표가 보인다.

③ 주차장에 주차 후 비치 파크로 이동한다.

▶ 더 버스로 이동하는 방법

알라모아나 쇼핑센터에서 더 버스 56번, 57번, 57A번을 탄다. 카일루아 쇼핑센터에서 하차한 후 70번으로 환승한 뒤 카일루아 비치 파크에서 내린다. 70번이 자주 오지 않기 때문에 도보로 이동해도 된다.

카일루아 비치 파크 주변 지역

어떻게 즐겨볼까?

카일루아 비치(Kailua Beach)

오아후에서 가장 아름다운 비치이며 오바마 대통령이 휴가시 꼭 방문하는 해변으로 유명하다. 현지인들도 즐겨 찾는 곳으로 주말에는 빈자리를 찾을 수 없을 정도로 많은 인파가 몰려든다. 윈드서핑, 카약 등의 다양한 활동을 즐길 수 있다.

라니카이 비치(Lanikai Beach)

카일루아 비치에서 남쪽으로 약 10분 거리에 위치한 해변으로 주택가 사이를 지나야 갈 수 있기 때문에 관광객의 발길이 많이 닿지 않은 곳이다. 밀가루 같이 고운 모래와 에메랄드빛 바다를 즐길 수 있어 '천국의 바다'라고도 불리지만, 화장실 등의 편의시설이 없다.

 Tip 라니카이 비치를 도보로 가는 방법

카일루아 비치를 정면으로 보고 오른쪽으로 이동하면 언덕 위에 라니카이 비치 이정표를 볼 수 있다. 이정표를 지나 주택가를 10여 분 직진하면 884번지 주택이 보인다. 884번지를 지나 왼쪽 골목길로 이동해 끝까지 걸어가면 오른쪽에 라니카이 비치가 있다.

동영상 천국의 바다 '라니카이 비치'

아일랜드 스노우(Island Snow)

하와이 서퍼들이 사용하는 액세서리, 의류, 선글라스 등을 취급하는 작은 상점이다. 쉐이브 아이스도 판매하니 아직 맛보지 못했다면 이곳에서 먹어보자.

영업시간: 월~목 10:00~18:00, 금~일 10:00~19:00 **주소:** 130 Kailua Rd., Kailua **전화:** 808-263-6339 **홈페이지:** www.islandsnow.com **위치:** 카일루아 비치에서 0.3mil 거리

페데고(Pedego)

자전거 대여점으로 전기자전거는 16세 이상 대여가 가능하다. 대여 시간은 1시간 단위로 요금은 1시간에 $14이고, 하루 종일 빌릴 경우에는 $50다.

영업시간: 10:00~18:00 **주소:** 319 Hahani St., Kailua **전화:** 808-261-2453 **홈페이지:** www.pedegoelectricbikes.com **위치:** 카일루아 비치에서 1mil 거리

 Tip

페데고 길 건너에는 하와이 3대 버거 중 하나인 테디스 비거 버거가 있다.

홀 푸드 마켓(Whole Food Market)

오가닉 마켓으로 다양한 치즈, 신선한 해산물과 채소, 육류를 판매한다. 마켓 내 베이커리, 카페도 있으며, 다양한 음식들도 판매하니 식사를 하지 않았다면 이곳에서 해결하자.

부츠 앤 키모스(Boots & Kimo's Homestyle Kitchen)

마카다미아 크림이 풍부한 마카다미아넛 팬케이크로 유명하다. 팬케이크가 당기지 않는다면 인기 메뉴인 오믈렛을 먹어보자. 다만 오후 2시에 영업이 종료되므로 시간을 잘 체크해야 한다.

영업시간: 07:00~22:00 **주소:** 629 Kailua Rd., Suite 100 Kailua **전화:** 808-263-6800 **홈페이지:** www.wholefoodsmarket.com **위치:** 카일루아 비치 파크에서 1.1mil 거리

영업시간: 월 · 수~토 07:00~15:00 (화요일 휴무) **주소:** 151 Hekilli St., Kailua **위치:** 카일루아 비치에서 1mil 거리

아름다운 절경이 펼쳐지는 바람의 언덕,

누우아누 팔리 전망대

Nu'uanu Pali Lookout

1795년 카메하메하 1세가 오아후 군에 승리를 거두면서 하와이 통일을 이루게 된 마지막 격전지로 하와이에서 가장 큰 전투가 벌어진 역사적 장소다. '팔리(Pali)'란 하와이 말로 '절벽'이라는 뜻으로 900m 높이의 절벽이 깎아지듯 솟아 있는데, 전투 당시 이 절벽 아래로 400명 이상의 군인들이 떨어져 죽었을 만큼 치열한 격전의 현장이었다고 한다.

누우아누 팔리 전망대에서 내려다보는 오아후의 경치는 다른 곳에서 보기 힘든 절경이다. 클라우 산맥(Koolau Range), 에메랄드빛 바다, 초록색의 바나나밭, 팔리 골프장, 코코넛 아일랜드 등이 펼쳐져 있으며, 날씨가 좋은 날에는 모콜리이 섬까지 보인다고 한다. 누우아누 팔리 전망대는 해발 300m로 안경이나 모자 등이 날아갈 정도로 거센 바람이 불어 '바람의 언덕'으로 불리기도 한다.

숨 막히는 전경을 바라보고 있노라면 누우아누 팔리 전망대가 오아후에서 가장 환상적인 경치를 볼 수 있는 최적의 장소라고 실감할 수 있다. 누우아누 팔리 전망대를 찾아 최고의 오아후 정취에 취해보자.

___

이용 안내

◆ **개방시간:** 09:00~16:00 ◆ **입장료:** 무료 ◆ **주차료:** $3(주차티켓을 사서 운전석 대시보드 위에 올려놓음) ◆ **주소:** Nuuanu pali Dr. Kaneohe

---

Tip 올드 팔리(Old Pali)

1847년 만들어진 첫 번째 도로로 현재는 산책 코스로 이용된다. 팔리 전망대 오른쪽에 있는 낙석주의보 표지판 쪽 아스팔트길을 따라 이동하면 된다. 약 3km의 올드 팔리는 울창한 나무와 함께 운치를 더한다. 미국 드라마 〈로스트(Lost)〉 촬영지로도 유명하다.

동영상 바람의 언덕 '누우아누 팔리 전망대'

✎ 느낌 한마디

관광객들에게 정거장과도 같은 장소다. 모두들 잠시 주차한 후 사진을 찍어 추억을 담고 이동한다. 언덕으로 이동하자 입구부터 바람이 몰아친다. 전망대에 오르면 눈을 제대로 뜰 수 없을 정도로 강한 바람이 달려든다. 다들 비명을 지르지만 저마다 바람을 즐기고 있다. 여성 관광객은 펄럭이는 치마를, 모자를 쓴 사람들은 날아가려 하는 모자를 부여잡느라 정신이 없다. 이곳에서 찍은 사진은 머리카락, 옷, 모자 등 무엇 하나 제대로 된 사진은 없을 것 같다. 절벽 아래의 정취를 제대로 구경하고 싶지만 실눈밖에 뜰 수 없었다. 누우아누 팔리전망대를 찾는다면 바람만큼은 실컷 맞고 간다. 여행자들의 이정표와도 같은 전망대를 꼭 찾아보자.

누우아누 팔리 전망대

어떻게 가야 할까?

① 누우아누 팔리 전망대는 카일루아 비치 파크에서 8mil(13km) 거리에 위치해 있다. 주소(Nuuanu pali Dr.)를 입력한 후 이동한다.

② 이동하다 보면 누우아누 팔리 전망대 이정표를 볼 수 있다.

③ 주차장에 주차한 후 무인기계에서 주차증을 발급받은 뒤 운전대 위에 올려놓는다.

④ 길을 따라 직진하면 누우아누 팔리 전망대에 도착한다.

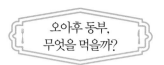

50년 전통을 자랑하는 하와이안 음식점,
레인보우 드라이브 인

Rainbow Drive-in

호놀룰루 카파홀루 거리에서 1961년 10월 2일 처음 문을 연 레인보우 드라이브 인은 50년 이상의 역사를 자랑하는 하와이안 음식점이다. 변하지 않는 최고의 맛을 제공해 현지인뿐 아니라 관광객들에게 꾸준히 사랑받고 있다. 특히 아침과 점심 시간에 길게 늘어선 줄이 식당의 인기를 말해준다.

레인보우 드라이브 인의 주 메뉴에는 로코모코, 칠리 볶음밥, 하와이식 라면 사이민(saimin) 등이 있지만 가장 인기 있는 메뉴는 믹스드 플레이트(mixed plate)다. 식당을 운영하는 쿠스쿠마 사장은 하와이 KITV 방송의 인터뷰에서 저렴한 가격과 함께 최고의 음식을 제공한다는 경영 철학을 계속 실천할 것이라고 밝히기도 했다.

레인보우 드라이브 인 바로 옆에는 레인보우티키(rainbowtiki)라는 잡화점이 있

242

다. 2012년에 문을 연 레인보우티키에서는 칠리 양념, 버터밀크, 팬케이크믹스, 하와이 스타일의 칠리페퍼 등 먹거리와 레인보우 티셔츠, 모자, 가방을 판매하니 식사 후 시간이 남는다면 구경해보는 것도 좋다. 레인보우 드라이브 인에서 든든하게 아침을 해결한 뒤 동부 관광을 시작해보자. 포장 주문도 가능하기 때문에 드라이브하면서 에메랄드빛 바다와 함께 피크닉을 온 기분으로 도시락을 즐길 수도 있다.

이용 안내

◆ **영업시간:** 07:00~21:00 ◆ **주소:** 3308 Kanaina Ave., Honolulu ◆ **전화:** 808-737-0177 ◆ **홈페이지:** www.rainbowdrivein.com ◆ **위치:** 호놀룰루 동물원에서 차로 10여 분 거리

🖊 느낌 한마디

와이키키에서 이렇게 알찬 가격에 한 끼 식사를 해결할 수 있는 음식점이 있을까? 오랜 역사와 명성에 걸맞게 주차장에는 차가 가득 차 있어 주차할 공간이 부족할 정도다. 하와이에서 가장 흔하게 먹는 로꼬모꼬부터 사이민까지 다양한 메뉴가 있다. 특히 포장 주문이 가능하기 때문에 비치파크에서 피크닉 기분을 내며 식사를 하고 싶다면 포장을 해 가져가면 된다.
가장 흔하게 먹는 로꼬모꼬와 사이민을 주문해본다. 로꼬모꼬는 와이키키 비치 주변의 높은 가격대 음식들에 전혀 뒤지지 않을 정도로 맛있었으며, 사이민은 마치 일본 컵라면 마루짱처럼 국물이 시원했다. 와이키키를 벗어나 동부 관광을 시작하기 전에 50년이 넘는 시간 동안 많은 이들에게 사랑받은 레인보우 드라이브 인에 들러 맛좋은 음식을 먹어보자.

레인보우 드라이브 인
어떻게 가야 할까?

(1) 주소(3308 Kanaina Ave.)를 입력한다.

(2) 레인보우 간판이 보이면 주차장으로 이동한다.

(3) 주차 후 식당으로 이동한다.

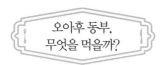
다양한 음식을 즐길 수 있는 팬케이크의 명가,
시나몬 레스토랑
Cinnamon's Restaurant

1985년에 오픈한 시나몬 레스토랑은 방부제, 첨가제, 화학물질을 사용하지 않는 균형 잡힌 식사를 제공한다는 모토를 실천하고 있다. 그래서 시나몬 레스토랑에서 음식을 대접받고 나면 괜히 건강해지는 느낌이 들고, 합리적 가격으로 즐기는 신선한 음식에 마음까지 즐거워진다.

카일루아 스퀘어 1층에 위치한 본점은 아침과 점심 식사만 제공한다. 유명 맛집답게 30분 이상 줄을 서서 기다리는 것은 기본이다. 레드 벨벳 팬케이크, 구아바 팬케이크 등의 팬케이크도 좋지만 감자, 베이컨, 양파, 햄, 토마토, 치즈 등이 듬뿍 들어간 파머스 오믈렛도 일품이다. 깨끗하고 쾌적한 분위기의 시나몬 레스토랑에서 허기진 배를 든든하게 채워보자.

이용 안내

◆ **영업시간:** 07:00~14:00 런치 11:00~14:00(토~일에는 포장 주문이 안 되고, 일요일은 런치를 제공하지 않음) ◆ **가격:** 파머스 오믈렛 $12~, 구아바 팬케이크 $7~, 레드 벨벳 팬케이크 하프 $7.75~ ◆ **주차:** 식당 앞 코인주차장 ◆ **주소:** 315 Uluniu St. Kailua ◆ **전화:** 808-261-8724 ◆ **홈페이지:** www.cinnamons808.com ◆ **위치:** 카일루아 스퀘어 1층

Tip

와이키키 일리카이(ILIKAI) 호텔 내에 시나몬 레스토랑 지점이 있다. 카일루아 타운 본점을 찾지 못했다면 일리카이 호텔에 있는 지점을 찾아 팬케이크를 맛보자.

느낌 한마디

유명 맛집이라면 손님들을 좀더 많이 받기 위해 오래 영업을 하려고 할 텐데, 시나몬 레스토랑은 오후 2시까지만 문을 연다. 그래서 마음이 바쁘다. 그렇다고 카일루아 비치까지 와서 제대로 된 본점의 팬케이크를 맛보지 않고 갈 수도 없는 노릇이었다. 소문대로 기다리는 사람들이 가득하다. 그래도 혼자 온 덕에 남은 자리 하나를 배정받았다. 가장 유명하다는 레드 벨벳 팬케이크를 주문해본다. 혼자 찾은 여행자라면 2조각만 주문해도 충분하다. 진한 자주색 빛깔이 구미를 당겼다. 팬케이크는 부드럽고 무엇보다 달지 않아서 좋았다. 커피 한잔으로 구색을 맞추니 더욱더 좋다. 와이키키에 지점이 있다고 한다. 와이키키로 돌아가면 그곳에서 아침을 먹어봐야겠다. 바다를 바라보며 먹는 팬케이크는 더 진한 감동을 줄 것 같은 기분이 든다.

시나몬 레스토랑

어떻게 가야 할까?

① 주소(315 Uluniu St.)를 입력한다. 카일루아 비치 파크에서 1mil 거리에 위치해 있다.

② 목적지 도착 알림에 따라 코인주차장에 주차한다. 만약 도로변 주차장에 여유가 없다면 뒤쪽에 있는 넓은 코인주차장에 주차한다.

③ 카일루아 스퀘어 1층으로 이동한다.

④ 시나몬 레스토랑이 보인다.

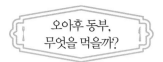

마우이족 전통음식을 맛볼 수 있는 곳,
오노 하와이안 푸드
Ono's Hawaiian Food

1960년대에 오픈한 오노 하와이안 푸드는 하와이 스타일의 가정식 백반을 맛보고 싶어하는 관광객과 현지인들이 찾는 곳이다. 오노(Ono)는 '맛있다'라는 뜻으로 가게 이름을 증명이라도 하듯 식당 안쪽 벽면에 가수, 영화배우, 격투기 챔피언, 농구 선수, 정치인, 서핑대회 우승자들의 사진과 하와이 관광청으로부터 받은 베스트 푸드 공로패가 가득 걸려 있다. 가게 내부는 리모델링 없이 60여 년 전 개업 당시 그대로이며, 벽면 사진은 오랜 세월이라도 반영하듯 빛이 바래져 있다.

오노 하와이안 푸드는 세월의 맛이 고스란히 담긴 맛집으로 2대째 전통 명맥을 이어오고 있다. 이곳에서는 무엇을 먹을까로 고민할 필요가 없다. 주인장이 추천 하는 세트메뉴에는 하와이 전통 음식들이 포함되어 한국의 가정식 백반처럼 다양한 요리들이 가득하다. 소갈비가 들어간 맑은 고깃국의 일품요리 '카우비 수프', 원주민들이 주식으로 먹었던 토란 뿌리죽 '포이(Poi)', 소고기 육포인 '피피카울라(Pipikaula) 구이', 토마토와 연어 무침인 '로미 샐몬(Lomi Salmon)', 코코넛 푸딩인 '하우피아(Haupia)', 한국의 장조림 같은 마오리족 전통음식인 '칼루아피그(Kalua Pig)', 타로 잎에

싸서 푹 찐 돼지고기 '라우라우(laulau)' 등 하와이 전통음식이 담겨 나온다. 피파카울라, 칼루아피그, 라우라우를 먹을 때 칠리소스를 곁들이면 더 독특한 맛의 풍미를 즐길 수 있다. 오노 하와이안 푸드를 찾아 하와이 전통 가정식 백반을 즐겨보자.

이용 안내

◆ **영업시간:** 월~토 11:00~20:00(일요일 휴무) ◆ **가격:** 모둠세트 $26~, 세트메뉴 $18~, 칼루아피그 $7.45~, 라우라우 $6.90~(현금 결제만 가능) ◆ **주소:** 726 Kapahulu Ave., Honolulu ◆ **전화:** 808-737-2275 ◆ **위치:** 와이키키 비치에서 1mil 거리

✎ 느낌 한마디

마치 시골에 숨어 있는 맛집을 찾는 듯했다. 간판이 잘 보이지 않아 한참을 찾았다. 간판이라고 해야 사람의 이목을 끄는 것이 아닌 그냥 걸려 있는 것뿐이었다. 입구 벽면의 낡은 모습에서 긴 세월의 흔적을 느낄 수 있었다. 여지없이 대기자들이 많다. 3~4팀이 왔다갔다 하니 내 차례가 와서 안으로 들어갈 수 있었다. 테이블이 10개가 채 되지 않는 공간이었다. 벽면에는 세월을 말해주듯 낡은 사진들이 걸려 있다. 세트메뉴를 주문해본다. 장조림과 비슷한 요리부터 소고기 육포까지 한상 거하게 차려져 나왔다. 하나씩 맛을 보니 우리네 음식과 크게 다를 바 없었다. 고기 육질은 부드러웠고 샐러드인 로미 샐몬은 육류와 절묘한 조화를 이루었다. 포이까지 다 먹고 나니 종업원이 놀란다. 식당을 찾는 대부분의 관광객은 비린내가 나는 포이는 거의 먹지를 못한다고 한다. 포만감과 함께 하와이에서 가장 하와이다운 음식으로 넷째 날 일정을 마무리한다.

오노 하와이안 푸드

어떻게 가야 할까?

▶ 와이키키 비치에서 도보로 이동하는 방법

① 듀크 카하나모쿠 동상을 정면으로 보고 왼쪽으로 출발해 호놀룰루 동물원까지 직진한다.

② 호놀룰루 동물원과 와이키키 그랜드 호텔 사이 도로변을 따라 약 1.4km 직진한다.

③ 오른쪽에 레인보우 드라이브 인을 지난다.

④ 파파존스가 보인다.

⑤ 테소로(Tesoro) 주유소 앞이 오노 하와이안 푸드다. 와이키키 비치에서 약 20분 정도 소요된다.

▶ 와이키키에서 더 버스로 이동하는 방법

① 쿠히오 거리 방향으로 가는 더 버스 2번 또는
13번을 승차한다.

② 카파훌루 앤 캠벨(Kapahulu&Campbell)에서 하차하
면 정면에 지피스(ZIPPY'S) 건물이 보인다.

③ 정면에 테소로 주유소 앞이 오노 하와이안 푸드다.

▶ 렌터카로 이동하는 방법

주소(726 Kapahulu Ave.)를 입력한 후 이동한다. 오노 하와이안 푸드 근처에 도착하면 도로변 코인주차장에 주차
한다. 오노 하와이안 푸드 입구가 보인다.

입소문 자자한 다운타운의 중국식당,
해피데이스
Happy Days

오바마 대통령이 11번가에 살았다는 말을 듣고 그곳을 방문하다 우연히 발견한 식
당이다. 11번가 근처에 있는 와이알라에 거리(Waialae Ave.)에는 스테이크, 아사이
볼, 로꼬모꼬, 중국 음식 등 다양한 종류의 음식들을 판매하는 식당들이 즐비해 있
었다. 물론 와이키키 비치 쪽의 식당들과 달리 알찬 가격과 풍부한 양을 자랑한다.
그 중 와이알라에 거리에서 가장 규모가 큰 중국식당이 해피데이스다. 외관에서 보
는 것과는 다르게 넓은 홀에는 30여 테이블이나 갖추어져 있고, 무엇보다 하와이
현지인들 사이에서 입소문이 자자하게 나 있는 식당이다. 와이키키에서 차로 15분
정도의 근거리에 있기 때문에 와이키키의 비싼 음식과 햄버거 등에 지친 입맛을 돋
우기에는 안성맞춤이다.

도로변에 식당이 있으니 목적지 근처에 도착하면 도로변 코인주차장을 이용하면 된다. 하와이 여행중 아시아 스타일의 음식이 그립다면 맛과 양에서 결코 후회하지 않을 해피데이스를 방문해보자. 하와이 여행의 새로운 충전제 역할을 할 것이다.

이용 안내

◆**영업시간:** 08:00~22:00 ◆**주소:** 3553 Waialae Ave., Honolulu ◆**전화:** 808-738-8666 ◆**주차:** 도로변 코인주차장

✎ 느낌 한마디

오바마 대통령이 살았다는 11번가 쪽을 드라이브하다 우연히 해피데이스 식당을 발견했다. 며칠 동안 하와이 음식과 햄버거 등으로 배를 채우다 보니 가벼운 아시아 음식이 먹고 싶어졌다. 조그마한 식당인 줄 알았는데 문을 열고 들어서니 홀이 매우 넓었다. 자리에 앉자 따뜻한 자스민 차를 가져다 준다. 국물이 있는 중국식 만둣국 완뚱을 주문했다. 많은 양을 기대하지 않았기 때문에 돼지고기 볶음 요리도 함께 주문했다. 음식이 나오자 엄청난 양에 입을 다물지 못했다. 먼저 완뚱을 먹어보았는데 시원한 국물과 직접 손으로 빚은 만두 맛이 일품이었다. 완뚱 한 그릇을 비우고 나니 배가 불러 더이상 먹을 수 없을 정도였다. 이미 주문한 돼지고기볶음을 취소할 수도 없어 맛만 보려 했는데 너무 맛있어서 젓가락을 놓을 수가 없었다.
여행중 우연히 맛난 음식을 먹게 되면 그만큼 행복할 때가 없는데 해피데이스가 그랬다. 알찬 가격, 풍부한 양, 그리고 맛깔스러움까지 어느 하나 빠지는 게 없는 하와이 추천 맛집이다.

해피데이스

어떻게 가야 할까?

▶ 렌터카로 이동하는 방법

① 주소(3553 Waialae Ave.)를 입력한 후 이동한다.

② 도착 알림 메시지가 울리면 근처 도로변 코인주차
장에 주차한다.

③ 오른편에 해피데이스 식당이 있다.

▶ 더 버스로 이동하는 방법

와이키키 끝 지점(다운타운 방향) 컨벤션 센터 앞에서 9번 버스를 탄다. 도착 안내방송에 따라 와이알라에 거리와
10번가 정류장에서 하차한다. 하차 후 버스가 가는 방향으로 100m 정도 직진하면 오른편에 해피데이스가 있다.

가족들이 운영하는 전통 하와이안 레스토랑으로 1946년에 오픈했다. 라우라우, 칼루아 피그, 포이, 로미 샐먼, 루아우 버터피쉬, 버터피쉬 튀김, 루아우 스쿼드(루아우 잎에 싼 오징어를 삶은 요리) 등 전통 하와이안 음식들의 향연을 즐길 수 있는 곳이다. 전통적으로 하와이안 음식은 가족처럼 음식을 서로 공유하면서 먹는 것이 특징이라고 한다. 헬레나스 하와이안 푸드의 가장 유명한 메뉴는 피피카울라로 흡사 소고기 육포와도 비슷하다. 딱딱하게 만드는 일반적인 육포와는 달리 이 집의 피피카울라는 좀더 부드럽게 만든다는 것이 차이라면 차이다. 부위는 갈비(Short Rib)를 사용하며 주방 천장에 오랜 시간 매달아놓고 건조시킨다. 이렇게 건조시키면 고기향이 강해지고 색깔은 검게 변하게 된다. 마지막으로 건조된 갈비를 기름에 튀기는데 이때 육즙은 살아있으면서 쫀득하고 안은 부드럽고 촉촉한 최고의 피피카울라가 탄생하게 된다.

기본 1시간 이상을 기다려야만 하지만 이 달콤한 맛의 유혹 때문에 많은 여행자가 헬레나스를 찾는다. 후식인 하우피아도 독특한 맛을 내는 메뉴 중 하나다. 하와이안 음식을 모두 경험하고 싶으면 세트메뉴를 주문하면 된다. 세트메뉴는 칼루아피그, 로미 샐먼, 포이, 하우피아 등으로 구성되어 있다.

55년 이상 한자리만 고집하며 오랫동안 전통을 유지해온 헬레나스는 2000년에는 제임스 비어드 리저널 클래식 상, 2009~2012년에는 하와이 베스트 레스토랑, 2015년 할레 아이나 어워드(Hale A'ina Awards)에서는 하와이안 음식 부문 동상을 수상하기도 했다. 전통 하와이안 음식의 메카인 헬레나스는 하와이 여행중에 꼭 찾아보아야 할 맛집이다.

영업시간: 화~금 10:00~19:30 (토~월 휴무) **계산:** 현금만 가능 **주차:** 주차공간이 부족하므로 점심시간은 피하는 게 좋다. **주소:** 1240 N School St., Honolulu **전화:** 808-845-8044 **홈페이지:** www.helenashawaiianfood.com

하와이 최고의 야경 명소,
탄탈루스 언덕
Tantalus

호놀룰루 북부에 위치한 614m 높이의 화산 언덕이다. 호놀룰루에서 가장 인기 있는 전망지이며, 가장 많은 관광객이 찾는 장소이기도 하다. 낮에는 아름다운 호놀룰루 시내와 산, 바다 전경을, 저녁에는 해 질 녘의 아름다운 자연의 빛과 고층 건물이 내뿜는 인공의 빛이 함께 어우러진 호놀룰루의 야경을 감상할 수 있다. 알알이 박혀진 보석같은 야경이 감탄을 자아내게 한다. 낮에 방문하는 여행자는 정상에 있는 푸우우알라카아 주립공원(Puuualakaa State Park)을 찾을 수 있으며 공원 내 마련된 전망대에서 공항, 다이아몬드 헤드의 풍광을 감상할 수 있다. 주립공원 전망대를 이용하고자 하는 여행자는 공원 개장시간에 맞추어 입장해야 한다.

탄탈루스 언덕을 가려면 라운드 톱 로드(Round Top Rd.)를 이용해야 한다. 라운드

톱 로드는 울창한 원시림으로 이루어진 최
고의 드라이브 코스이며, 주변에 현대 미
술관, 초보자도 즐길 수 있는 하이킹 코스,
자전거 코스, 등산로가 마련되어 있다. 주
립공원 문이 닫힌 후에는 라운드 톱 드라
이브의 산허리 중간쯤에 있는 주차장에서
호놀룰루 야경을 즐기면 된다. 참고로 라
운드 톱 드라이브는 도로 폭이 좁고 연속
적인 커브길이기 때문에 야경을 위해 찾는
방문자라도 안전을 위해서 너무 늦은 시간
은 피하는 게 좋으며 항시 운전할 때 주의
해야 한다. 탄탈루스 언덕을 찾아 오아후
최고의 야경을 감상해보자.

─────
이용 안내

◆ **개방시간:** 푸우우알라카아 주립공원 07:00~18:45 ◆ **입장료:** 무료 ◆ **주차료:** 무료 ◆ **주소:** 3198 Round Top Dr.,
Honolulu

 Tip

탄탈루스 언덕은 탄탈루스 드라이브(Tantalus Dr.)와 라운
드 톱 드라이브가 연결되어 있다. 많은 여행자들이 탄
탈루스 언덕이라고 하면 탄탈루스 드라이브 쪽이라고
생각하는데, 시내나 야경을 보려면 라운드 톱 드라이브
쪽으로 이동해야 한다. 라운드 톱 드라이브 중간쯤에
언덕 갓길이 있는데 그곳에서 5분만 더 직진하면 푸우
우알라카아 주립공원이 나온다.

 동영상 호놀룰루의 낮과 밤을 감상
할 수 있는 '탄탈루스 언덕'

주립공원의 문이 닫히기 전 다이아몬드 헤드와 호놀룰루 전경을 감상하기 위해 언덕길을 따라 차들이 꼬리에 꼬리를 잇는다. 꼬불꼬불한 길 때문에 마치 곡예운전을 하듯 긴장을 놓을 수 없다. 어둠이 찾아들기 전의 주립공원은 평화로웠다. 전망대에 올라와 보니 세찬 바람과 함께 아래로 다이아몬드 헤드와 와이키키 비치가 그림처럼 펼쳐졌다. 전망대 아래 잔디밭에서 서로 어깨를 빌린 연인들이 산 아래 장관을 바라보며 사랑을 속삭이고 있다. 차를 몰아 야경 포인트인 산허리로 내려간다. 이미 차들이 빼곡히 자리를 차지하고 있었다. 해가 뉘엿뉘엿 넘어가고 보석 같은 점등들이 하나둘씩 켜지기 시작한다. 한참을 내려다본다. 막 도착한 일본 관광객들은 차에서 내리자마자 "스고이(すごい; 멋있다)!"를 외쳐댄다. 탄탈루스 언덕에서 바라보는 야경은 평생 잊지 못할 대단한 장관이었다.

탄탈루스 언덕

어떻게 가야 할까?

▶ 주립공원 문이 닫히기 전 주립공원 전망대 가는 방법

① 주소(3198 Round Top Dr.)를 입력한 후 이동한다.

② 푸우우알라카아 주립공원 이정표를 따라 이동한다.

③ 뷰포인트 쪽 이정표를 따라 왼쪽으로 이동한다.

④ 주차장에 차를 세우고 직진한다.

⑤ 주립공원에 마련된 전망대에서 전경을 감상한다.

(6) 구경 후 차를 타고 주립공원 출구에서 우회전해
산허리 중간에 있는 뷰포인트로 이동한 뒤 야경
을 감상한다.

▶ 주립공원 문이 닫힌 후 탄탈루스 언덕 가는 방법

(1) 주소(3198 Round Top Dr.)를 입력한 후 이동한다.

(2) 산허리쯤 뷰포인트 간이 주차장에 주차한 후 야경
을 감상한다.

탄탈루스 언덕
어떻게 즐겨볼까?

푸우우알라카아 주립공원과 주립공원 전망대에서 호놀룰루 시내를 한눈에 담아본다.

탄탈루스 언덕에서 호놀룰루의 야경을 즐긴다.

다섯째 날
오아후 여행의 꽃,
역사 & 쇼핑

HAWAII

여행지에는 역사적으로 깊은 아픔과 슬픔을 간직한 곳이 있다. 오아후 여행의 마지막 날에는 오아후 곳곳을 다니며 들떴던 마음을 잠시 가라앉히고 역사적 장소를 찾아 애잔한 오아후를 가슴에 담아보자. 그런 다음 최대 규모의 쇼핑 지역을 방문해 지인들을 위한 선물을 챙겨보자. 하와이 여행의 마지막 날에 방문하면 좋을 역사적 장소와 쇼핑 지역을 소개한다.

일정 한눈에 보기

진주만 ▶ 알라모아나 쇼핑센터 ▶ 와이켈레 프리미엄 아울렛

다섯째 날
일정지도

와이켈레 프리미엄 아울렛

보핀 해양 박물관

USS 애리조나 기념관

미주리 전함 기념관

호놀룰루국제공항

키아모쿠 거리

🍴 앤디스 카후쿠 쉬림프

월마트

로스

알라모아나 쇼핑센터

하와이에서 빼놓을 수 없는 역사의 현장,

진주만
Pearl Harbor

진주만은 진주(pearl)를 생산하는 굴이 풍부해 붙여진 이름이라고 한다. 1887년 미국이 진주만의 독점권을 획득하면서 방어기지 건설을 위한 준설작업이 시작되었고, 1908년 해군기지가 건설되었다. 진주만이 세상의 관심을 받기 시작한 것은 제2차 세계대전이 한창이던 1941년 12월 7일에 일본이 아무런 경고 없이 비무장 상태인 진주만을 기습적으로 공격하면서였다. 400여 대의 일본 폭격기는 2시간 동안 무자비한 폭격을 감행해 USS 애리조나호를 비롯한 함대 21척과 비행기 188대를 파괴하고 2,341명의 사상자를 발생시켰다. 진주만 폭격 하루 만에 미국 의회에서는 전쟁 참가법을 만장일치로 통과시켜 미국이 본격적으로 제2차 세계대전에 참전하게 된다.

일본은 동아시아를 지배하기 위해 석유와 고무가 반드시 필요했기에 영국과 네덜란드의 식민지령을 침공할 계획이었다. 이때 미국의 간섭을 사전에 차단하기 위해 진주만을 공습한 것이다. 이는 미국과의 충돌을 확산시켜서라도 동아시아의 자원을 확보하려는 계산이 들어 있었다. 그

러나 결과론적으로 미국이 제2차 세계대전에 참전함으로써 연합군이 승리하게 되고, 일본의 계획은 물거품이 되어버렸다.

미국은 전쟁의 아픈 역사를 간직한 진주만에 USS 애리조나 기념관, USS 보핀 잠수함 박물관, 미주리 군함 기념관 등을 세워 전쟁과 관련된 자료들을 볼 수 있게 했다. 특히 USS 애리조나 기념관은 진주만을 찾는 여행자들이 반드시 들르는 곳으로, 침몰한 전함의 잔해가 물 밑으로 보이도록 설계되었다.

진주만은 태평양의 지킴이 역할을 하며 오늘도 산 역사의 장으로 꿋꿋이 자리를 지키고 있다. 화려함 속에 슬픈 역사를 간직하고 있는 진주만에 방문해 뜻 깊은 하와이 여행을 마무리하자.

이용 안내

◆**관람시간:** 07:00∼17:00 ◆**입장료:** 무료 ◆**주차:** 무료 ◆**주소:** 1 Arizona Memorial Place ◆**전화:** 808-422-0561 ◆**홈페이지:** www.pearlharboroahu.com 또는 www.nps.gov/valr

 진주만을 여행할 때 이것만은 알아두자!
① 오전 11시만 되어도 관광객들로 붐비니 여유롭게 둘러보고 싶다면 오전 9시 이전에 방문하는 것이 좋다.
② 테러 방지를 위해 카메라와 휴대전화를 제외한 모든 짐은 가지고 입장할 수 없다. 입구 오른편의 물품보관소에 보관하거나 차량에 두고 입장해야 한다.
③ 관광안내소에 한국어 안내서가 있으며, 진주만의 모든 지역은 금연구역이다.

 아픈 역사를 간직한 '진주만'

아침 8시가 채 되지 않은 이른 시간임에도 진주만 주차장은 차들로 빼곡했다. 크로스가방 정도는 들고 입장해도 문제가 없을 거라 생각했는데 직원이 바로 물품보관소에 맡기고 오라고 말한다. 정면 매표소에서 애리조나 기념관 승선 티켓을 받았다. 9시 30분 출발이라서 1시간 이상의 시간이 남아 있었다. 테마갤러리를 구경하고 메모리얼 극장에서 영상을 관람한다. 전쟁은 이유 여하를 막론하고 인류사에서 발생하지 않아야 한다. 그로 인해 죽음을 당하는 희생자들도 없어야 한다. 진주만 곳곳에 남아 있는 전쟁의 상처가 가슴을 아프게 한다. 셔틀페리에 몸을 싣고 기념관으로 이동하는 내내 가슴이 두근거린다. 전함의 잔해를 보는 것만으로도 60년 전의 전쟁 상황으로 돌아가는 듯했다. 비명과 폭발이 난무했던 진주만의 현장은 현대를 살아가는 우리에게 그렇게 메시지를 전해주며 꿋꿋이 자리를 지키고 있다. 역사의 현장은 엄숙함이 있다. 항상 웃는 얼굴의 미국인도 진주만에서는 얼굴이 굳어 있다. 제2차 세계대전 당시 실제로 사용된 보핀호로 이동한다. 당시의 위용이 진주만을 가득 메우고 있었다. 다음으로 셔틀버스를 타고 미주리 기념관으로 이동하니 입구부터 미국 학생들이 엄숙한 음악으로 관광객을 맞이한다. 미주리 전함을 올려다보니 그 크기에 압도된다. 역사의 산 현장인 진주만에서 또 다른 하와이의 내면을 볼 수 있었다.

진주만

어떻게 가야 할까?

▶ 렌터카로 이동하는 방법

① 주소(1 Arizona Memorial Place)를 입력하고 이동한다.

② 목적지 도착 알림에 따라 주차장으로 이동해 주차한다.

③ 진주만 입구를 향해 도보로 이동한다.

▶ 더 버스로 이동하는 방법

와이키키에서 더 버스 20번 또는 42번을 탄 뒤 애리조나 기념관에서 하차한다. 와이키키에서 30분 정도 소요된다. 하차 후 길을 건너 입구로 이동한다.

진주만
어떻게 즐겨볼까?

USS 애리조나 기념관(USS Arizona Memorial)

진주만 폭격으로 침몰한 USS 애리조나호에 타고 있던 미군 대원들을 추모하기 위해 당시 군함이 가라앉은 자리 바로 위에 지은 기념관이다. 이 기념관은 '궁극적인 승리'라는 의미를 담아 특이한 형태로 설계되었으며, 미 해군의 제복 색깔인 흰색을 표현하기 위해 기념관의 외부와 내부를 모두 흰색으로 디자인했다. 진주만과 애리조나 기념관은 미국의 대통령이 새로 취임하면 임기중에 반드시 다녀가야 하는 곳으로 미국인들에게는 성지와도 같은 곳이다. 영화 〈배틀쉽(Battleship)〉으로 재조명되면서 더욱 유명해졌다.

개관시간: 07:00~17:00 **입장료:** 무료 **오디오 대여:** $7.5~(한국어 오디오 가이드 대여 가능) **전화:** 808-422-3399 **예약 사이트:** www.recreation.gov

---

Tip1 USS 애리조나 기념관 가는 방법

① 입구 정면 관광안내소에서 무료 셔틀페리 티켓을 받는다.
② 'Road to War(전쟁으로의 길)' 'Day of Infamy(치욕의 날)'이라는 2개의 테마 갤러리를 관람한다.
③ 메모리얼 극장에서 20여 분의 진주만 다큐멘터리 영상을 관람한다.
④ 관람을 끝낸 후 셔틀페리를 탄다. 무료 셔틀페리는 매회 15분 간격으로 운영된다.

Tip2

USS 애리조나 기념관은 하루 5천 명으로 입장 인원을 제한하기 때문에 사전에 예약하는 것이 좋다. 오후에 예약 없이 방문하면 매진되어 입장을 못할 수도 있으니 예약을 하지 않았다면 오전에 일찍 방문하자.

보핀 해양 박물관(The USS Bowfin submarine Museum&Park)

제2차 세계대전 당시 실제로 사용했던 잠수함 보핀호를 견학용으로 전시해놓았다. '진주만의 복수자(The Pearl Harbor Avenger)'라는 별명을 가졌으며 퇴역까지 당대 최고의 해군 잠수함으로 명성이 높았다.

미주리 전함 기념관(Batteleship Missouri Memorial)

1944년 건조되었으며 1945년 도쿄만에 정박한 미주리 전함에서 일본의 무조건 항복문서 조인식이 거행되었다. 1992년 페르시안 걸프전을 마지막으로 완전히 퇴역했으며 현재는 기념관으로 전시중이다. 입구에는 맥아더 장군의 동상, 해군과 간호사의 키스신 조각물이 있다.

관람시간: 07:00~17:00 **입장료:** 성인 $12~, 만 4~12세 $5~ (4세 미만은 안전문제로 관람 불가) **전화:** 808-423-1341 **홈페이지:** www.bowfin.org

관람시간: 9~5월 08:00~16:00, 6~8월 08:00~17:00 **입장료:** 성인 $27~, 만 4~12세 $13~ (셀프 투어시) **홈페이지:** www.ussmissouri.org **가는 방법:** 무료 셔틀 버스를 타고 10분 정도 이동

세계 최대 규모를 자랑하는 야외 쇼핑몰,

알라모아나 쇼핑센터

Ala Moana Hawaii's Center

1959년 오픈한 알라모아나 쇼핑센터는 광범위한 리모델링 과정을 거쳐 현재 340여 개 매장, 9천 대 이상을 수용할 수 있는 주차공간을 갖춘 세계 최대 규모의 야외 쇼 핑몰 센터가 되었다. 루이비통, 프라다, 구찌 등의 럭셔리 브랜드와 필립 리카드, 토 리리처드 등의 하와이 로컬 브랜드, 각종 레스토랑 등이 입점해 있다. 2~4층의 중 심부 개방형에는 잉어가 헤엄치는 연못과 화초장식으로 꾸며놓았으며, 메이시스 (Macy's), 블루밍데일스(Blooming Dale's), 니만 마커스(Neiman Marcus), 노드스트롬 (Nordstrom) 등의 대형 백화점을 동서로 길게 연결했다.

쇼핑센터 내에 푸드코트부터 최고급 다이닝, 뷔페를 먹을 수 있는 최고급 레스토 랑까지 다양하게 갖추어져 있다. 1층 마카이 마켓은 푸드코트로 세계의 다양한 음

식을 저렴한 가격에 쉽게 접할 수 있으며, 4층 호모키파 테라스에서는 최고급 레스토랑의 입점으로 다이닝을 즐길 수 있다. 또한 1층 중앙무대에서는 무료 훌라 공연 및 다양한 이벤트를 즐길 수 있다.

엔터테인먼트, 쇼핑, 다이닝을 완벽하게 갖춘 원스톱 쇼핑 공간인 알라모아나 센터에서 쇼핑, 식사, 이벤트를 모두 즐겨보자.

이용 안내

◆ **영업시간**: 월~토 09:30~21:00, 일 10:00~19:00 ◆ **주소**: 1450 Ala Moana Boulevard, Honolulu ◆ **전화**: 808-955-9517 ◆ **홈페이지**: www.alamoanacenter.com

Tip

고객서비스센터에서 알라모아나 쇼핑센터 지도와 매거진을 받아볼 수 있으며, $5로 머물고 있는 호텔까지 당일 배달 서비스도 요청할 수 있다. 고객서비스센터는 마카이 마켓을 지나 밖으로 나간 뒤 직진하다 보면 오른쪽에 있다.

Tip

알라모아나 쇼핑센터 내에는 340개의 매장과 4개의 대형 백화점이 있기 때문에 효율적으로 시간을 활용하기 위해서는 쇼핑센터에 가기 전 방문할 매장 위치와 브랜드를 홈페이지에서 확인하거나 각 층의 인포메이션 또는 센터 내부 지도를 활용하는 것이 좋다.
메이시스 홈페이지: www.macys.com 블루밍 데일스 홈페이지: www.bloomingdales.com
니만 마커스 홈페이지: www.neimanmarcushawaii.com 노드스트롬 홈페이지: shop.nordstrom.com

느낌 한마디

내부로 들어가니 어디가 어딘지를 모르겠다. 벤치에 앉아 한참 동안 내부 지도를 들여다본다. 하루 종일 돌아다녀도 다 볼 수 없을 정도로 많은 가게가 입점해 있다. 마카이 마켓의 대형 푸드코트에는 사람들로 인산인해를 이룬다. 밖으로 나오니 음악소리가 들려온다. 마침 1층 센터 무대에서 훌라 공연이 있었다. 의례적인 공연치고는 패나 성의 있는 자리였다. 공연이 끝난 후 기념으로 무희들과 사진촬영을 했다.
2층으로 올라가 본격적인 아이쇼핑을 즐겨본다. 무엇보다 탁 트인 야외식 건물이 독특했고, 이름만 들어도 알 만한 매장들이 즐비해 있어 인상적이었다. 유명 매장 앞에는 쇼핑백을 들고 나오는 여행자들로 가득했다. 3층으로 올라가니 부담 없이 쇼핑할 수 있는 캐주얼 매장이 있었다. 학생들이 근처 매장에서 하나씩 선물을 안고 나온다. 알라모아나 쇼핑센터는 쉬엄쉬엄 다니지 않으면 지칠 정도로 셀 수 없는 수의 매장이 있다. 잠시 잠바주스 매장에 들러 시원한 주스로 목을 축인 후 지인들에게 줄 선물을 사러 다시 찬찬히 이동해본다.

알라모아나 쇼핑센터
어떻게 가야 할까?

▶ 와이키키 트롤리 핑크라인(쇼핑센터 셔틀버스)으로 이동하는 방법

와이키키, 알라모아나 쇼핑센터 구간을 왕복하는 교통편으로 매일 10~12분 간격으로 운행된다.
요금: 편도 $2, JCB카드 소지자는 무료
운행시간: 월~토 9:19~21:53, 일요일 및 공휴일 9:19~20:03
운행구간: 알라모아나 센터-일리카이 호텔-하드 록 카페-아쿠아 팜스 앤 스파-힐튼 하와이안 빌리지-사라토가 로드-킹칼라카우아 플라자-코트야드 바이 메리어트-와이키키 마켓플레이스-힐튼 와이키키 비치 호텔-애스턴 와이키키 비치 호텔-듀크 카하나모쿠 동상-모아나 서프라이더-T 갤러리아

▶ 더 버스로 이동하는 방법

와이키키에서 알라모아나 쇼핑센터 방향으로 이동시 쿠히오 거리 바다 반대쪽에서 승차해서 알라모아나 쇼핑센터에서 하차한다. 더 버스 8번, 19번, 20번, 24번, 42번을 타면 10분 정도면 알라모아나 쇼핑센터에 도착한다. 보통 15분 간격으로 운행되며 요금은 성인 $2.5, 학생 $1다.

▶ 택시로 이동하는 방법

알라모아나에서 와이키키까지의 택시 비용은 약 $10로, 짐이 많거나 일행이 많으면 택시를 이용하는 것이 유용하다. 쇼핑센터 내 1층 알라모아나 스트릿 옆 버스 정류장 근처, 마카이 마켓 푸드코트 근처, 빔 앤 비거 근처, 홀라레후아 근처, AT&T 근처에 택시 승차장이 있다.

▶ 렌터카로 이동하는 방법

주소(1450 Ala Moana Boulevard, Honolulu)를 입력한 후 이동한다. 쇼핑센터 내에 9천 대를 수용할 수 있는 넓은 주차장이 마련되어 있으니 그곳에 주차하면 된다. 주차료는 무료다.

알라모아나 쇼핑센터
어떻게 즐겨볼까?

1층 마카이 마켓(Makai Market)

기존의 푸드코트 개념을 탈피해 깔끔하고 세련된 분위기로 리모델링했다. 다양한 맛집들이 한곳에 모여 있어 기호에 맞는 음식을 즐길 수 있다. 한국식 갈비를 맛볼 수 있는 요미(Yummy) 식당도 있으며, 잠바주스 매장과 호놀룰루 쿠키 매장도 있다.

1층 루피시아(Lupicia)

역사는 길지 않지만 원형의 소포장 티캔 판매로 잘 알려져 있다. 세계 200종의 차를 판매하는 일본의 대표 홍차 브랜드다. 현재 중국차와 허브차로 다양한 향차를 선보이고 있다. 직접 시음하고 구매도 할 수 있는데, 특히 바닐라 향이 인기다.

위치: 마카이 마켓을 지나면 택시 승차장이 있는데 승차장 왼쪽에 위치

2층 세포라(Sephora)

1970년에 설립된 프랑스 대표 화장품 브랜드로 기초부터 색조까지 제품별로 진열해놓아 효율적으로 비교해 구입할 수 있다.

2층 빅토리아 시크릿(Victoria Secret)

현재 미국에서 가장 유명한 속옷 브랜드로, 여행자들의 직행 코스가 되어버린 매장이다. 바디미스트, 바디워시, 바디로션, 향수도 유명하다.

위치: 2층에서 노드스트롬 방향으로 직진하면 오른편 위치

위치: 노드스트롬 방향으로 직진해 세포라 매장을 지나면 오른편에 위치

2층 배스 앤 보디 웍스(Bath&Body Works)

미국 여행시 꼭 구입하게 되는 미국 뷰티 브랜드다. 하루 종일 지속되는 깊고 진한 향이 특징이다. 목욕 관련 제품을 찾는 여행자들은 한번 방문해보자. 잦은 프로모션으로 알찬 가격에 구입할 수 있다.

위치: 2층에서 메이시스 방향으로 직진하면 중간 지점에 위치

알라모아나 쇼핑센터 무대

매일 오후 1시부터 20분간 무료로 훌라 쇼를 즐길 수 있다. 하와이 여행시 훌라 쇼를 접하지 못했다면 쇼핑 중 잠깐 시간을 내 관람하자.

3층 홀리스터(Holister)

1996년 아베크롬비 앤 피치에서 제작한 홀리스터는 아메리칸 스타일의 캐주얼 옷으로 미국 젊은이들 사이에 빈티지 룩으로 정착했다. 후드, 패딩, 자켓, 기모 트레이닝 바지로 유명하다.

위치: 3층에서 메이시스 방향으로 직진하면 왼편에 위치

2층 레스포삭(Lesportsac)

1974년 립스탑 나일론(RipStop Nylon)을 소재로 여행용 가방, 핸드백을 만들면서 혁명을 일으킨 미국 브랜드다. 토트백, 숄더백, 지갑, 액세서리 등 다양한 제품을 만날 수 있다.

위치: 2층에서 메이시스 방향으로 직진하면 메이시스 입구 앞 오른편에 위치

3층 아베크롬비 앤 피치(Abercrombie&Fitch)

1892년 설립된 미국 캐주얼 브랜드로 처음에는 아웃도어 사냥용품을 취급했다. 현재는 후드, 폴로티, 트레이닝 팬츠 등의 스타일로 바꾸어 전 세계적으로 꾸준히 인기를 모으고 있다.

위치: 3층에서 노드스트롬 방향으로 직진하면 오른편에 위치

쇼핑센터 쇼핑시 주의사항

신용카드로 결제할 경우 달러로 결제하는 것이 좋다. 원화로 지불하게 되면 추가 수수료가 붙어 더 손해다.

 패스포트 쿠폰북 발급받는 방법

① BC 신용카드 소지자는 1층 고객서비스센터에서 패스포드 쿠폰북을 발급받는다.

② BC 신용카드 미소지자는 알라모아나 쇼핑센터에 방문하기 전에 홈페이지에 접속한 뒤 왼쪽 상단에 있는 프리미어 패스포트(Premier Passport) 쿠폰북을 출력해 고객서비스센터에서 쿠폰북으로 교환한다.

 쇼핑시 적용되는 한국 vs. 미국 크기 비교

① 옷 사이즈

(남자)

	XS	S	M	L	XL
한국	85	90	95	100	105
미국	14	15	15.5~16	16.5	17.5

(여자)

	XS	S	M	L	XL
한국	44(85)	55(90)	66(95)	77(100)	88(105)
미국	2	4	6	8	10

② 신발 사이즈

(남자)

한국	240mm	250mm	260mm	270mm
미국	size 6	size 7	size 8	size 9

(여자)

한국	220mm	230mm	240mm	250mm
미국	size 5	size 6	size 7	size 8

③ 아기옷

2살 미만은 M(Month)으로 표기되며, 2살 이상은 T(Toddler)로 표시한다. 한국 나이로 2살이면 미국은 2T, 한국 나이로 3살이면 미국은 3T로 표시한다.

오아후 섬의 유일한 아울렛 매장,

와이켈레 프리미엄 아울렛
Waikele Premium Outlet

첼시 그룹에서 운영하는 오아후의 유일한 아울렛 매장으로, 쇼핑 마니아들을 위한 쇼핑 천국이자 여행자들이 가장 즐겨 찾는 곳이다. 코치(Coach), 마이클 코어스(Michael Kors), 아디다스(Adidas), 타미힐피거(Tommy Hilfiger), 캘빈클라인(Calvinklein), 바나나 리퍼블릭(Banana Republic), 나인웨스트(Ninewest) 등 세계적 브랜드 매장들이 자리하고 있다. 정가의 25~70% 할인을 하고 있어 한국보다 저렴한 가격에 쇼핑을 즐길 수 있다. 기본 할인가에서 더 할인을 받고 싶다면 홈페이지에서 미리 쿠폰북을 받아놓자. 홈페이지에 접속한 뒤 VIP클럽에 가입하면 쿠폰북을 받을 수 있다. 쿠폰북으로 중복할인을 받아 더 알찬 쇼핑을 즐겨보자.

와이켈레 프리미엄 아울렛은 쇼핑과 함께 세계 최고의 먹거리도 같이 즐길 수 있

는 원스톱 형태로 야외 음식관에서 최상의 서비스를 받으며 식사도 즐길 수 있다.

다양한 매장에서 쇼핑을 즐기다 보면 너무나 저렴한 가격에 꼭 필요하지 않은 상품도 구매할 수 있으니 쇼핑 전에 꼭 필요했던 품목이나 브랜드를 체크하고 방문하도록 하자.

이용 안내

◆ **영업시간:** 월~토 09:00~21:00, 일 10:00~18:00 ◆ **주차:** 무료 ◆ **주소:** 94-790 Lumiania St., Waipahu ◆ **전화:** 808-676-5656 ◆ **홈페이지:** www.premiumoutlets.com/outlet/waikele

---

✎ 느낌 한마디

쇼핑족들의 천국답게 이른 시간부터 주차장에는 차가 가득 차 있고, 여행사를 통한 픽업 서비스 차량과 여행사 대형버스들이 끊임없이 줄을 잇고 있다. 인기 매장은 이미 쇼핑족들로 인산인해를 이루었다. 어떤 사람은 두 손 가득 쇼핑백을 들고 있으면서도 자신이 미처 고르지 못한 제품이 품절이라도 될까 노심초사하는 표정을 짓고 있었다. 가격표를 훑어본다. 50% 이상 할인 판매를 하고 있었다. 다음 매장으로 이동한다. 앞서 오는 여행자는 더이상 물건을 들 수 없을 정도다. 이끼와 손 등 짐을 들 수 있는 곳에는 모두 물건이 들려 있다. 1~2시간이면 충분해 보였던 아울렛은 예상과는 달리 한곳에서만 2시간 이상씩이 소요된다.

많은 여행자들이 쇼핑으로 지친 허전함을 야외 레스토랑에서 채우고 있었다. 아울렛 매장에는 할인율 좋은 물건에서부터 먹거리까지 다양하게 마련되어 있었다. 지인들을 위한 선물 한 꾸러미 가져갈 수 있는 와이켈레 아울렛에서 하와이 여행을 마무리하는 것은 어떨까?

와이켈레 프리미엄 아울렛
어떻게 가야 할까?

▶ **렌터카로 가는 방법**

① 주소(94-790 Lumiania St. Waipahu)를 입력하고 출발한다.

② 와이키키에서 H1 FREEWAY를 타고 이동한다. 안내에 따라 EXIT 7로 나가면 와이켈레 프리미엄 아울렛이다.

▶ **셔틀버스를 타고 이동하는 방법**

와이키키 비치에서 노란 피켓 또는 가판대에 있는 직원에게 표를 구매한 뒤 셔틀버스를 타고 5분 정도 이동한 후 대형버스로 갈아탄다.
출발시간: 09:00, 10:00, 11:00, 12:00, 13:00, 15:30
리턴시간: 12:00, 14:30, 16:30, 19:00
비용: 왕복 $15~

▶ **트롤리 버스로 이동하는 방법**

와이키키 호텔별 픽업 시간
일리카이 호텔(8:45) → 힐튼 하와이안 빌리지(8:51) → T갤러리아(9:00) → 듀크 카하나모쿠 동상(9:08) → 애스톤 와이키키 비치 호텔(9:11) → 와이키키 비치 매리엇 리조트(9:13) → 쿠히오 와이키키 마켓플레이스(9:18) → 와이키키 게이크웨이 호텔(9:22)
와이켈레 아울렛 리턴 시간: 14:30
비용: 왕복 $26~

▶ **가자 하와이 여행사를 통해서 가는 방법**

전화: 808-924-0123
출발시간: 08:30, 09:30, 10:30, 11:30, 13:30
리턴시간: 12:30, 14:30, 16:30, 19:00 (단 일요일 막차는 18:00)
홈페이지: www.gajahawaii.com
비용: 왕복 $10

와이켈레 프리미엄 아울렛

어떻게 즐겨볼까?

타미힐피거(Tommy Hilfiger)

홍콩 의류 브랜드로 미국 시장 진출을 위해 미국 국기인 성조기가 연상되는 배지 모양의 상품 태그를 부착하면서 선풍적인 인기를 얻었다. 캐주얼 브랜드로 남성복, 여성복, 아동복을 갖춘 가족형 패션 공간이다.

코치 팩토리(Coach Factory)

뉴욕에 본사를 두고 있는 코치는 1941년 창업한 글로벌 기업으로 여성용 핸드백, 신발, 액세서리, 스카프, 쥬얼리 등과 남성용 가방, 신발, 시계, 선글라스 등의 다양한 제품을 제작해서 판매하고 있다.

 VIP 쿠폰북을 받는 3가지 방법

① 홈페이지 가입 후 쿠폰북을 신청해 고객서비스센터에서 받는다.
② 신한·삼성 카드를 가지고 고객서비스센터에 가서 쿠폰북을 받는다.
③ 셔틀버스를 타고 이동할 경우 탑승권을 고객서비스센터에 보여주면 쿠폰북을 받을 수 있다.

캘빈클라인(Calvin Klein)

1968년 설립된 패션 브랜드로 1978년 브룩 쉴즈를 모델로 기용한 청바지 사업이 성공하면서 세계적 기업으로 발돋움했다. 이후 속옷과 향수를 차례로 런칭하며 탄탄한 기업으로 성장했다.

나인웨스트(Nine West)

1978년 젊은 구두 디자이너들이 웨스트 9번가에서 디자인 하우스를 시작해 붙여진 이름이다. 세계적인 슈즈와 액세서리 브랜드로 구두, 핸드백, 액세서리, 재킷 등의 제품을 판매한다.

레스포삭(Lesportsac)

미국의 가방 브랜드다. 토트백, 숄더백 등의 가방을 비롯해 지갑, 액세서리 등 다양한 제품을 만날 수 있다.

고디바(Godiva)

1926년 벨기에 브뤼셀에서 판매하기 시작한 초콜릿 브랜드로, 고디바라는 브랜드명은 11세기 영국 귀족 부인이었던 레이디 고디바(Lady Godiva)의 이름에서 유래되었다. 남편의 폭정을 반대하며 고통받는 가난한 사람들을 위해 헌신한 고디바의 모습에 감동을 받아 명명하게 된 것이라고 한다.

삭스 피프스 애비뉴(Saks Fifth Avenue)

백화점에서 팔던 고품질의 옷, 신발, 가방 등을 30~80% 할인된 가격으로 장만할 수 있다. 대부분의 상품들은 백화점에서 제때 팔리지 않은 재고품이다. 1~2년 지난 재고 상품이 많지만 백화점에서 정가로 판매되는 상품을 매우 저렴한 가격에 구입할 수 있는 장점도 있다.

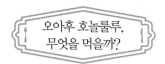
지중해풍의 멋스러움을 느낄 수 있는 곳,
롱기스 레스토랑

Longhi's

1976년 마우이 라하이나 지역에서 시작된 이탈리안 레스토랑이다. '사랑의 음식' '열정의 맛'을 슬로건으로 한다. 언론과 잡지에 여러 차례 소개될 만큼 깔끔한 음식이 장점으로 하와이의 여러 평가기관에서 베스트 레스토랑으로 선정되었다. 특히 오픈된 창에서 하와이 하늘을 볼 수 있는 트로피컬한 분위기가 매력적이다.

이 집의 인기 메뉴는 쉬림프 스콜스 아리비아타(Shrimp&Scallops Arribiata)와 립아이 스테이크(Prime Ribeye Steak)다. 쉬림프 스콜스 아리비아타는 직접 뽑은 쫀득쫀득한 면발에 토마토 소스, 구운 새우, 관자를 넣어 만들며, 립 아이 스테이크는 부드러운 고기에 발사믹 소스를 첨가해 입맛을 사로잡는다. 스테이크에 와인을 함께 곁들이면 금상첨화다. 스테이크뿐 아니라 아일랜드 생선, 해산물, 햄버거, 피자 등도

인기가 좋다. 본점은 마우이에 있으며, 알라모아나 쇼핑센터점은 분점이다. 알라모
아나 쇼핑센터를 쇼핑중이라면 롱기스 레스토랑에서 즐거운 식사를 즐겨보자.

이용 안내

◆**영업시간:** 08:00~22:00(해피아워 15:00~19:00) ◆**전화:** 808-947-9899 ◆**홈페이지:** www.longhis.com ◆**위치:** 알
라모아나 쇼핑센터 2층 에바윙(Mall Level 2 2A)

🖊 느낌 한마디

롱기스 레스토랑은 엘리베이터로 바로 연결되어 있으며, 내부는 하얀색으로 깨끗하게 꾸며져 있
었다. 바에는 일찍부터 맥주잔을 기울이는 사람들로 가득하다. 한국인으로 보이는 신혼부부는 행
복한 표정으로 다정하게 식사를 하고 있다. 이 집의 주 메뉴인 스테이크를 먹고 있었다. 옆자리에
앉아 맥주 한 잔과 쉬림프 스콜스를 주문해본다. 여행을 다니면서 가끔은 혼자서 먹는 식사가 호
젓하고 새로운 생각을 주기도 하지만, 이렇게 분위기 있는 레스토랑에 오니 누군가와 같이 환담을
나누며 더 즐겁게 식사를 하고 싶다는 생각이 들었다. 맥주 한 잔으로 잠시 갈증을 달래본다. 폐부
깊이 파고드는 알코올의 기운이 싸하다. 맥주와 함께 맛본 새우 맛은 명성에 걸맞게 일품이었다.
새우의 신선함이 탱탱했고 무엇보다 소스가 감칠맛을 더했다. 알라모아나 쇼핑센터를 방문한다면
롱기스에서의 식사는 가장 기분 좋은 만찬이 될 것이다.

롱기스 레스토랑
어떻게 가야 할까?

① 알라모아나 쇼핑센터 2층에서 오른쪽 블루밍데일스 방향으로 직진한다.

② 블루밍데일스 글자가 있는 다음 벽까지 직진한다.

③ 왼쪽 방향 롱기스 표지판 쪽으로 이동한다.

④ 끝 지점까지 이동 후 왼쪽을 보면 롱기스라는 간판이 보인다.

⑤ 엘리베이터를 타고 4층으로 이동하면 롱기스 레스토랑이다.

몽환적 분위기의 고급 레스토랑,
마리포사

Mariposa

스페인어로 '나비'란 뜻을 지닌 마리포사는 테이블, 입구, 내부 인테리어 등을 나비 조형물로 꾸며놓은 아름다운 레스토랑이다. 맛집에만 주어지는 권위 있는 상인 할레 아이나상을 7년 연속 수상하기도 했다. 마리포사 레스토랑에서 바라보는 알라모아 나 비치의 모습은 또 다른 트로피컬한 분위기를 선사한다. 특히 해 질 녘에 바라보는 일몰은 하와이 레스토랑 중 최고를 자랑한다.

메인메뉴를 기다리는 동안 제공되는 속이 빈 팝오버 빵(Popover)은 부드럽고, 딸기버터(Strawberry Butter)는 달지 않은 감칠맛을 자랑한다. 마리포사의 인기 메뉴는 연어 요리(Pan Roasted Salmon Filet), 장작에서 구운 돼지고기와 야채·양파가 함께 나오는 돼지갈비 요리(Kiawe Smoked Pork Chop)다. 애피타이저는 그날의 마리포사

스프 정도면 좋고, 후식으로는 브레드 푸딩과 열대과일 생크림이 올려져 있는 웜 릴리코이 푸딩 케이크(Warm Lilikoi Pudding Cake)가 인기다. 황홀한 노을과 함께 저녁을 즐기고 싶다면 사전 예약은 필수이며, 오후 5~6시에 가야 야외 테라스에서 식사를 할 수 있다. 하와이 여행 마지막 날, 마리포사 레스토랑에서 하와이의 정취와 음식에 취해보자.

이용 안내

◆ **영업시간:** 11:00~21:00 ◆ **전화:** 808-951-3420 ◆ **위치:** 알라모아나 쇼핑센터 내 니만마커스 4층

🖋 느낌 한마디

예약 없이 방문한 터라 잠시 기다려야 했다. 레스토랑 내부를 둘러보니 천장에는 하얀색의 나비가 날아다닌다. 테라스 쪽은 이미 만석이다. 안내를 받고 오늘의 마리포사 스프와 돼지갈비 요리를 주문한다. 시원한 물 한 잔으로 목을 축이고 주위를 둘러보니 혼자 식사를 하는 사람은 나밖에 없다. 모두들 가족이나 연인끼리 정답게도 식사를 한다. 조금은 쓸쓸하지만 애써 태연한 척한다. 딸기 버터와 함께 팝오버 빵을 먹어본다. 버터는 상큼하고, 빵은 정말 부드러웠다. 빵 하나만으로도 메인요리가 기대될 정도다. 애피타이저로 버섯이 들어간 스프가 나왔다. 한입 먹자마자 감탄이 저절로 쏟아진다. 정확히 표현할 단어를 생각할 수 없을 정도로 부드럽고, 버섯은 쫄깃했다. 돼지고기 요리는 잡내가 없었으며 햄처럼 말랑말랑했다. 맛을 어떻게 표현할까? 혼자 이런 만찬을 즐기는 것이 미안할 따름이다. 식사를 하는 동안 해가 저물어간다. 붉게 물든 레스토랑이 또 다른 몽환적 분위기로 감탄을 자아낸다. 마리포사 레스토랑에서 하와이 여행의 백미를 장식해보자.

마리포사

어떻게 가야 할까?

① 알라모아나 쇼핑센터 무대에서 에스컬레이터 타고 2층으로 올라간다.

② 정면이 니만 마커스 백화점이다.

③ 니만 마커스 백화점으로 들어간 후 2번 에스컬레이터를 타고 올라간다.

④ 정면이 마리포사 레스토랑이다.

하와이 속 한국을 느낄 수 있는 한인타운,
키아모쿠 거리
Keeaumku Street

하와이에서 한인들이 가장 많이 거주하는 거리로 한국어로 쓰인 상점과 식당의 간판들을 쉽게 볼 수 있다. 정식으로 한인타운이라고 명명되지는 않았지만 한국 사람들이 많이 거주하고 한국 식당과 관련 상점들이 즐비해 통상적으로 한인타운이라고 부른다.

초콜릿, 마카다미아넛, 커피 등의 선물 구입을 위해 여행자들이 가장 많이 방문하는 월마트부터 한국의 슈퍼마켓을 그대로 옮겨놓은 듯한 팔라마 슈퍼마켓과 키아모쿠 슈퍼마켓, 기업형 식당인 서라벌, 초이스 가든, 신라원, 자갈치 식당, 오리네 사랑채, 이레분식, 놀부네 치킨 등 일일이 나열하기에도 벅찬 다양한 플라자와 상점들이 거리를 가득 메우고 있다. 한인 슈퍼마켓에서 판매하는 물품들은 한국보다 1.5배

정도 비싼 편이지만 한국 식품이나 재료, 간단한 생활용품, 화장품, 김치와 젓갈류를 비롯한 각종 밑반찬까지 구입이 가능하다. 또한 한 끼 식사로 든든한 갈비, 생선, 제육 등의 도시락도 구매할 수 있다. 키아모쿠 거리에 들러 하와이 속 작은 한인타운을 느껴보고 그리웠던 한국 음식도 맛보자.

───────

이용 안내

◆주소: Keeaumoku St., Honolulu

✏️ 느낌 한마디

여행자들이 키아모쿠 거리를 찾는 가장 큰 이유는 월마트에 가기 위해서일 것이다. 약속이라도 하듯 모든 여행들의 카트에는 초콜릿, 코나커피 등이 한가득이다. 바로 앞 로스 매장도 한몫을 단단히 한다. 물건들이 깔끔하게 정리되어 있지는 않지만 자세히 들여다보면 꽤 괜찮은 물건들을 고를 수 있다는 장점 때문에 많은 여행자들이 방문한다. 로스 건너편에 서라벌 식당이 키아모쿠 거리의 상징처럼 턱 하니 버티고 있다. 다른 지역과 달리 거리에서 한국 사람들도 쉽게 볼 수 있다. 찬찬히 키아모쿠 거리를 걸어본다. 곳곳에 있는 한인 식당을 보니 하와이라는 생각을 잠시 잊을 정도로 한국의 어느 거리를 걷고 있는 기분이다. 하와이에서 한국의 거리 정취를 느끼고 싶다면 키아모쿠 거리를 방문해보자. 또 다른 여행의 묘미를 즐길 수 있을 것이다.

키아모쿠 거리
어떻게 가야 할까?

▶ 렌터카로 이동하는 방법

① 월마트 주소(700 Keeaumoku St.)를 입력한다.

② 월마트 주차장 입구다.

③ 주차한 후 출구로 나오면 키아모쿠 거리다.

▶ 알라모아나 쇼핑센터에서 도보로 이동하는 방법

알라모아나 쇼핑센터 입구에서 출발한다. 노드스트롬 백화점을 오른쪽에 두고 직진하면 정면에 KFC가 보인다. KFC부터 키아모쿠 거리다. 알라모아나 쇼핑센터에서 도보로 15분 정도 소요된다.

키아모쿠 거리

어떻게 즐겨볼까?

월마트(Wall-Mart)

1층에는 월마트, 2층에는 샘스 클럽이 24시간 운영되고 있다. 선물용으로 간단한 코나커피, 초콜릿 등의 식품이나 하와이 여행중 마실 생수, 스노클링 장비 등을 구매하기에 편리하다.

주소: 700 Keeaumoku St., Honolulu 전화: 808-955-8441 홈페이지: www.walmart.com

로스(Ross)

미국 전역에서 30년 가까이 패션 아울렛 매장을 운영하며 하와이에만도 13개의 매장이 있다. 2층 구조로 1층에서는 여성의류, 2층에서는 남성·아동 의류, 가전제품을 판매한다. 정리가 잘 되어 있지 않아 어수선한 면이 있지만 수영복, 신발, 가방 등을 저렴하게 구입하고 싶다면 방문해보자.

영업시간: 08:00~24:00 주소: 711 Keeaumoku St., Honolulu

앤디스 카후쿠 쉬림프(Andy's Kahuku Shrimp)

한인 식당으로 왕갈비, 갈비찜, 김치찌개 등도 유명하지만 이 집의 단골메뉴는 새우요리다. 스파이스 갈릭 쉬림프(Spicy Garlic Shrimp), 갈릭 쉬림프, 코코넛 쉬림프 등 다양한 새우요리가 준비되어 있다.

영업시간: 월~토(10:00~21:00) 주소: 745 Keeaumokv St., Honolulu 전화: 808-944-4040 위치: 영문 서라벌 식당 맞은편 분홍색 건물

돈키호테(Don Quijote)

일본 대형 할인 슈퍼마켓으로 야채, 과일, 초밥, 무스비, 커피, 초콜릿 등을 구매할 수 있다. 24시간 운영되며, 매장에서 구매한 물건은 바로 옆 우체국을 통해 원하는 지역까지 배송해주는 서비스도 갖추어져 있다.

주소: 801 Kaheka St., Honolulu 전화: 808-973-4800 홈페이지: www.donquijotehawaii.com

PART 3

이곳을 더 알고 싶다,
빅아일랜드와 마우이 섬

빅아일랜드를 알차게 즐기려면
꼭 알아야 할 것들

1. 빅아일랜드로 가는 방법

 빅아일랜드의 주 공항은 서쪽 코나 지역에 소재한 코나국제공항과 동쪽 힐로 지역에 소재한 힐로국제공항이다. 대부분의 여행자들은 코나국제공항을 통해 입국한다. 오아후의 호놀룰루국제공항으로 입국한 후 주내선으로 환승해서 입국하는 방법도 있다. 호놀룰루국제공항에서 빅아일랜드에 있는 공항까지는 40~50분 정도 소요된다. 오아후 섬에서 잠시 빅아일랜드 관광을 원하면 하와이안항공, 고 모쿠렐레항공, 아일랜드 에어를 이용하자. 왕복 $200 대에서 이용할 수 있으며, 비행기 편은 새벽부터 늦은 저녁까지 매 시간마다 운행된다. 코나커피 벨트 관광을 원하면 코나국제공항을, 하와이 화산 국립공원과 마우나케아 관광을 원하면 힐로국제공항을 이용하는 것이 좋다.

주내선 예약 사이트

하와이안항공(Hawaiian Airlines): **www.hawaiianairlines.co.kr**

고 모쿠렐레항공(Go Mokulele): **www.mokuleleairlines.com**

아일랜드 에어(Island Air): **www.islandair.com**

탑승 정보

체크인 수하물은 환승일 경우 1인당 2개까지 가능하며 수하물 무게 한도는 50파운드(약 22kg)이고, 기내 반입 수하물은 1개만 허용된다. 다만 오아후에서 빅아일랜드까지 주내선만 이용할 경우 수하물 당 $25~의 추가 비용이 소요되며, 기내 반입 수하물 1개는 비용 없이 허용된다. 또한 주내선이라도 음료(울 포함)의 기내 반입은 금지된다. 1일 관광으로 빅아일랜드를 찾는다면 입·출국을 달리하는 것이 좋다. 예를 들어 힐로국제공항에 도착해 힐로 지역을 관광한 후 코나 지역으로 이동해 코나 지역을 둘러보고 코나국제공항을 이용해 출국하든지, 그 반대 일정으로 코나국제공항에 도착해 섬 서쪽을 먼저 둘러보고 힐로 지역을 구경한 뒤 힐로국제공항을 이용해 돌아가는 것이다. 다만 렌터카 대여시 반납 장소가 다를 경우 추가 수수료가 발생할 수 있다는 점을 염두에 두어야 한다. 이웃섬으로 떠날 경우 사전 티켓 구입 후 본인이 이용할 항공사에서 여권과 항공권만 제시하면 된다.

공항 여행객 안내소
코나 국제공항: 808-329-3423
힐로 국제공항: 808-961-9321~2

2. 빅아일랜드 교통

투어버스, 셔틀버스, 택시 등을 이용해 빅아일랜드 여행을 즐길 수도 있지만 오아후처럼 대중교통이 잘 발달한 곳이 아니므로 렌터카를 이용하는 것이 더 편리하다. 렌터카 이용시 코나국제공항이나 힐로국제공항에서 픽업할 수 있도록 사전에 예약하는 것이 좋다. 렌터카 관련 정보는 44쪽을 참조하자. 참고로 마우나케아는 4륜 구동차만 올라갈 수 있으니 마우나케아를 방문할 예정이라면 4륜 구동차를 예약해야 한다.

3. 빅아일랜드 숙소

화산 국립공원에 가까운 힐로 및 푸나 지역에는 호텔과 기타 숙박시설이 있으며, 코나 지역에 위치한 카일루아 유적 마을, 케아우호우, 코할라 코스트에는 빅아일랜드의 주요 리조트가 있다. 섬 전역에 걸쳐 콘도, 펜션, 호텔 등 다양한 숙박시설이 마련되어 있어 쉽게 찾을 수 있다.

① 최고급 호텔 및 리조트(5성급)

마우나 라니 베이 호텔 앤 방갈로스(The Mauna Lani Bay Hotel & Bungalows): 골프장, 스파 등 다양한 부대시설을 갖추고 있으며, 5채의 방갈로에는 단독 풀, 작은 모래사장이 따로 있어 가족만 이용하는 자유공간을 보장받을 수 있다.

홈페이지: www.maunalani.com

힐튼 와이콜로아 빌리지(Hilton Waikoloa Village): 코나 지역에 위치해 있으며, 빅아일랜드 최고 휴양지 코할라 코스트의 테마파크형 리조트로 인공해변, 돌고래, 사육장까지 갖춘 초호화 리조트다. 산책을 위해서는 리조트 지도가 필요할 만큼의 초대형 구조로 호텔 안에서만 운행하는 배와 기차가 있을 정도다.

홈페이지: www.hiltonwaikoloavillage.com

쉐라톤 코나 리조트 앤 스파 앳 케아우호우 베이(Sheraton Kona Resort & Spa at Keauhou Bay): 서쪽 케아우오후 중심 지역에 위치해 있다. 해변에서는 사람에게 해가 되지 않는 쥐가오리 떼들을 구경할 수 있으며 챔피언십 코스의 골프 라운딩을 즐길 수 있다.

홈페이지: www.sheratonkona.com

② 알찬 가격의 쾌적한 호텔(2~3성급)

힐로 하와이안 호텔(Hilo Hawaiian Hotel): 호텔 입구까지 펼쳐진 반얀 트리 길로 유명한 힐로 지역의 호텔로, 이곳에서 화산 국립공원까지 차로 45분이 소요된다.

홈페이지: www.castleresorts.com

코나시사이드 호텔(Kona Seaside Hotel): 서쪽 카일루아 북단에 위치해 있다. 페이스북에서 무료 방 업그레이드 쿠폰을 가져가면 룸 업그레이드를 받을 수 있다.

홈페이지: www.konaseasidehotel.com

③ 호스텔

힐로 베이 호스텔(Hilo Bay Hostel): 101 Waianuenue Ave., Hilo Hawaii, Hilo, USA

코아 우드 할레-패테이스 플레이스 호스텔(Koa Wood Hale-Patey's Place Hostel): 75-184 Ala ona ona St., Kailua-Kona 9674

4. 빅아일랜드 관광의 핵심

힐로 지역

힐로는 행정·농업 도시로 코나 인구의 2배인 7만 명 정도가 거주하고 있다. 관광객이 많지 않아 멋진 호텔은 거의 없다. 힐로 지역은 하와이 화산 국립공원, 마우나케아, 아카카 폭포가 유명하다. 힐로국제공항에서 마우나케아까지는 렌터카로 2시간, 화산 국립공원까지는 1시간 정도가 소요된다.

코나 지역

코나는 고온 건조한 날씨로 3만 5천여 명의 인구가 거주하고 있으며, 아름다운 호텔, 멋진 비치, 골프장, 커피농장 등의 관광거리가 많다. 코나 중심지인 활기찬 카일루아, 미국에서 가장 큰 목장인 파커랜치(Parker Ranch)가 있는 와이메아, 100% 정통 코나커피를 맛볼 수 있는 커피 산지 홀루알로아까지 다양한 관광지가 있다. 1박 이상의 편안한 빅아일랜드 관광을 위해서는 코나국제공항을 이용하는 것이 좋다. 코나국제공항에서 마우나케아 비지터센터까지는 렌터카로 2시간 정도 소요된다.

볼거리가 넘치는 하와이의 가장 큰 섬,
빅아일랜드
Big Island

섬을 처음 발견했다고 알려진 폴리네시아의 항해가 하와일로아(Hai'iloa)의 이름을 따서 '하와이 섬'이라는 이름이 붙여졌지만, 하와이 주와의 혼동을 피하기 위해 '빅아일랜드'라는 애칭으로 많이 불린다. 섬이라기보다는 대륙 같은 크기의 빅아일랜드는 별명 그대로 8개의 섬들 중에서 가장 큰 섬(10,458km²)이며 7개 섬 면적을 합친 것보다 넓다. 하와이 제도에서 가장 늦게 생긴 섬(생긴 지 80만 년)이자 지질학적으로 가장 넓은 섬이다.

　1,500년 전 폴리네시아인들이 사우스 포인트에 첫 발을 디디면서 빅아일랜드의 역사가 시작되었다. 처음 서구인들이 빅아일랜드를 발견할 당시에는 여러 부족으로 나뉘어져 있어 부족 간에 끊임없는 전쟁이 일어났다고 한다. 이러한 상황에서 카메

하메하 왕은 빅아일랜드를 정복해 하와이 왕국을 통일시켰다. 1804년까지 카메하메하 왕의 왕궁이 있던 빅아일랜드는 카메하메하 왕이 가장 사랑했던 곳이라고 전해진다.

카메하메하 1세의 동상은 카파아우에서 볼 수 있으며, 1820년에 최초의 선교사가 도착한 이래 지금도 교회로 사용되고 있는 모쿠아이카우아 교회는 카일루아 코나에 있다. 20세기에 들어서면서 사탕수수 농장 붐이 일어나기도 했던 힐로 지역에는 세계 어디에서도 접할 수 없는 하와이 화산 국립공원이 있으며, 섬 중앙에는 4,260m의 마우나케아산이 자연의 경이로움을 전해주고 있다. 이곳에서는 자연 그대로의 생태계를 만날 수 있으며, 멋진 골프 코스와 분화구·사막·열대우림을 가로지르는 241km 이상의 하이킹 코스 등 다양한 체험활동을 즐길 수 있다. 빅아일랜드의 동쪽 힐로 지역은 풍부한 강우량으로 열대식물이 자라며, 서쪽 카와이하 근처의 코할라 코스트는 온화한 바다로 해양 스포츠의 천국이라고 불린다. 빅아일랜드에서 자연의 신비에 빠져보자.

> **Tip**
> 빅아일랜드에는 오아후처럼 편의점이 많지 않다. 오아후에서 출발하기 전 월마트 등 마켓에 들러 간식(음료 제외)을 준비한다면 더 즐겁게 관광을 할 수 있을 것이다.

✎ 느낌 한마디

해변을 따라 아담하게 만들어진 코나 다운타운은 아침 햇살을 받아 더욱 운치 있었다. 마치 눈사태가 일어나듯 하얀 파도가 포말이 되어 퍼진다. 사우스 포인트 지역으로 이동하니 입구부터 펼쳐지는 영화 같은 모습이 수차례 차를 멈추게 한다. 한가로이 풀을 뜯고 있는 가축들, 푸른 하늘과 코발트 바다가 펼쳐져 있다. 어떻게 이렇게 아름다운 모습을 만들어낼 수 있을까? 사우스 포인트를 감상하고 바쁘게 블랙샌드 비치로 이동한다. 관광객의 시선은 아랑곳하지 않고 햇볕을 받으며 휴식을 취하는 거북의 모습은 또 다른 신비로움이었다.

먼저 화산 국립공원으로 이동한다. 한계령 고갯길을 다듬어놓은 듯한 체인 오브 크레이터스 로드는 가도 가도 끝이 없다. 바다와 용암 잔해가 마주친 곳에서는 자연의 광대함에 소름이 돋는다. 물과 만난 용암의 분출물은 딱딱한 바위가 되어 그 길이와 면적을 잴 수 없을 정도의 광활한 모습을 보여주었다. 자연의 위대함에 경의를 표할 뿐이다.

힐로 다운타운에서 하룻밤을 보내고 아카카 폭포 주립공원으로 가니 마치 공룡시대의 울창한 숲을 방문하는 것 같았다. 소담스럽게 내리는 가랑비를 맞으며 걷는 주립공원의 공기가 더없이 신선하다. 이제 마지막 일정인 마우나케아로 달려간다. 입구부터 안개가 나를 맞이했다. 준비해간 옷들을 겹겹이 입었지만 날아갈 것 같은 세찬 바람에 차 안에서만 눈요기를 실컷 한다. 빅아일랜드는 그런 곳이었다. 차를 몰고 가는 내내 시선을 뺏어 자꾸만 멈추게 만들고, 나도 모르게 탄성을 내지르게 만들 만큼 아름다운 곳이었다. 오아후보다 더 광활한 빅아일랜드를 짧든 길든 꼭 방문해보길 적극 추천한다.

빅아일랜드

어떻게 가야 할까?

▶ 하와이안항공에서 이동하는 방법

① 호놀룰루국제공항의 무인발권기를 이용한다.

② 무인발권기에 예약번호를 입력한 후 발권기 안내 (한국어 지원)에 따라 항공티켓을 발권한다. 수하물 이 있다면 발권기 안내 종료 후 수하물 코너를 이 용한다.

③ 보안 검사를 거친 후 비행기에 탑승한다. 40~50분 정도 지나면 코나국제공항에 도착한다.

④ 수화물 분실 신고소(Baggage Claim) 쪽으로 쭉 이동하다 보면 출구가 보인다.

⑤ 공항 밖 횡단보도를 건너 렌터카업체의 셔틀버 스를 타고 렌터카 사무실로 이동한다.

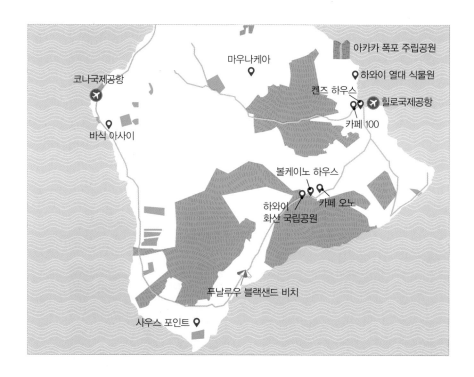

1일차

코나국제공항 ▶ 조식(코나 다운타운) ▶ 사우스 포인트 ▶ 푸날루우 블랙샌드 비치 ▶ 하와이 화산 국립공원 ▶ 중식(볼케이노 빌리지 내) ▶ 힐로 지역에서 숙박 ▶ 석식 (카페 100)

2일차

조식(켄즈하우스) ▶ 힐로 다운타운(도시락 및 간식 준비) ▶ 아카카 폭포 ▶ 마우나케아 ▶ 코나국제공항

빅아일랜드

어떻게 즐겨볼까?

코나국제공항(Kona International Airport)

1949년 코나공항(Kona Airport)으로 출발했으며 1970년 현 부지로 이동해 재개항했다. 처음 설립되었던 부지는 현재 비행장 주립공원으로 이용되고 있다. 하와이 제도 주 구간, 샌프란시스코, L.A. 등의 국내선 구간. 1996년부터 시작된 국제선 노선을 같이 운행하고 있다.

바식 아사이(Basic Acai)

하와이 건강식 아사이볼로 빅아일랜드 첫날 아침식사를 즐겨보자. 다른 음식을 원한다면 바식 아사이 주차장에 잠시 주차한 후 코나 다운타운 주변을 둘러보자. 샌드위치, 햄버거 등 간단하게 식사를 즐길 수 있는 곳이 해변을 따라 이어져 있다.

동영상
해변을 따라 만들어진
'코나 다운타운'

위치: 코나 다운타운까지 렌터카로 15분 정도 소요

영업시간: 08:00~16:00 **주소:** 75-5831 Kahakai Rd., Kailua-Kona **전화:** 808-238-0184 **홈페이지:** basikacai.com

사우스 포인트(South Point)

끝없이 펼쳐진 광활한 태평양을 볼 수 있는 곳으로 폴리네시아인이 사우스 포인트를 통해 처음 하와이 섬에 발을 내딛었다. 사우스 포인트는 미국의 최남단이라는 상징적 의미로 들러볼 만하다.

푸날루우 블랙샌드 비치(Punalu'u Black Sand Beach)

바다로 흘러들어간 용암이 모래와 섞여 탄생한 푸날루우 비치는 연탄재처럼 검은 모래해변이 이색적인 풍경을 자아낸다. 무엇보다 바다거북을 가까이서 볼 수 있다는 점이 이곳의 묘미다.

동영상
미국의 최남단에 위치한
'사우스 포인트'

동영상
이색적인 풍경을 선사하는
'푸날루우 블랙샌드 비치'

주소: South Point Rd., Naalehu **위치:** 코나 다운타운에서 55mil(88km)

입장료: 무료 **주소:** 95-600 Ninole Loop Rd., Pahale **위치:** 사우스 포인트에서 19mil(30km) **부대시설:** 주차장, 샤워시설

하와이 화산 국립공원(Hawaii Volcanoes National Park)

1982년 세계문화유산으로 등재되었으며, 마우나로아 산과 킬라우에아산을 포함하는 거대한 공원이다. 킬 라우에아 화산은 1983년부터 꾸준히 용암이 분출되 며 화산활동이 활발히 진행되고 있으며 용암이 굳어 져 새로운 땅을 만들어가고 있다.

비지터센터(Visitor Center)

국립공원 입구에 위치해 있다. 국립공원 내부 지도를 받을 수 있다. 이곳에서 화산의 생성 과정과 화산활 동에 대해서 배울 수 있으며, 영상을 통해 국립공원 의 역사를 이해할 수 있다.

동영상 화산의 여신 펠레가 태어난 '하와이 화산 국립공원'

입장료: 차 1대당 $15~ **주소:** Volcano Rd. **홈페이지:** www.nps.gov/havogov/havo **위치:** 코나에서 약 2시 간, 블랙샌드 비치에서 20분 거리

관람시간: 09:00~17:00

크레이터 림 드라이브(Creater Rim Driver)

짧은 시간에 화산 국립공원을 둘러봐야 한다면 크레이터 림 드라이브를 이용하자. 약 18km 길이의 순환도로로, 화산 작용으로 인해 수증기가 올라오는 스팀벤츠, 불의 여신 펠레 전시물이 전시된 재거 뮤지엄, 킬라우에아 이키 분화구, 용암 동굴인 서스톤 라바튜브, 킬라우에아 이키 분화구를 볼 수 있는 푸우푸아이 전망대를 한 번에 둘러볼 수 있다.

스팀벤츠

재거 뮤지엄

킬라우에아 이키

서스톤 라바튜브

푸우푸아이 전망대

체인 오브 크레이터스 로드(Chain of Craters Road)

왕복 32km로 빅아일랜드 체류 기간이 긴 여행자들은 한번 둘러볼 만하다. 도로를 덮친 용암이 굳어진 모습과 특히 용암이 바다로 흘러 굳어진 27m의 코끼리 코 모양 아치도 볼 수 있다.

볼케이노 하우스(Volcano House)

국립공원 내에 위치한 호텔로 국립공원을 자세하게 둘러볼 여행자들을 위한 최적의 숙소다. 가격이 비싸다는 단점이 있다.

홈페이지: www.hawaiivolcanohouse.com

Tip

화산 국립공원에서 점심을 해결할 경우 도시락 또는 볼케이노 빌리지 이외에는 주위에 식당이 없다. 카페 오노에서 점심을 선택할 경우 샌드위치 또는 스프를 주문할 수 있다. 단 영업시간(11:00~15:00)을 체크하고 이동하자. 월요일은 휴무다.

주소: 19-3834 Old Volcano Rd. **홈페이지:** www.cafeono.net **가는 방법:** 화산 국립공원 매표소를 나와 우회전한 뒤 직진하면 볼케이노 빌리지 이정표를 볼 수 있다.

카페 100(Cafe 100)

최초의 로코모코 가게로 1946년 오키나와에서 이주 온 일본인이 운영하는 가게다. 로코모코 이외에 햄버거, 일본식 미소된장국 등 다양한 메뉴가 준비되어 있다.

영업시간: 월~목 06:15~20:30, 금 06:15~21:00, 토 06:15~19:30 (일요일 휴무) 주소: 969 Kilauea Ave., Hilo 전화: 808-935-8683 홈페이지: cafe100.com

켄즈하우스(Ken's House of Pancakes)

50여 년의 역사를 자랑하는 레스토랑으로 매년 베스트 패밀리 레스토랑으로 선정되고 있다. 팬케이크, 로코모코, 오믈렛, 사이민, 스파게티 등 다양한 메뉴가 준비되어 있다.

영업시간: 24시간 주소: 1730 Kamehameha Ave., Hilo 전화: 808-935-8711 홈페이지: www.kenshouseofpancakes.com

힐로 다운타운

힐로국제공항에서 10여 분 거리에 위치한 힐로 다운타운은 옛 정취로 가득하다. 나무로 지은 알록달록한 매장, 세련된 갤러리, 레스토랑, 명소들을 간직하고 있어 마치 영화세트장 같은 분위기가 난다.

힐로 파머스 마켓(Hilo Famer's Market)

힐로에서 가장 활기찬 야외시장으로 과일, 채소, 하와이 수공예품, 액세서리 등을 구경할 수 있다.

영업시간: 월~화·목~금·일 07:00~16:00, 수·토 06:00~16:00 **주소:** 400 Kamehameha Ave., Hilo **홈페이지:** www.hilofarmersmarket.com

레드 베이 비치 파크(Reeds Bay Beach Park)

칼라니아나오레 거리로 5분 정도 이동하면 된다. 검은 화산돌에서 수영을 즐길 수 있는 이색적인 곳이며, 바로 옆에는 일본식 정원 퀸 릴리우오칼라니 가든(Queen Liliuokalani Gardens)이 위치해 있다.

아카카 폭포 주립공원(Akaka Falls State Parks)

주립공원 내 127m의 카후나 폭포(Kahuna Falls)와 135m의 아카카 폭포(Akaka Falls)가 있다. 두 폭포의 하이킹 코스는 열대식물, 야생난, 대나무 숲으로 둘러싸여 하나의 대형 식물원을 이루고 있다.

동영상
135m의 거대한 폭포가 있는
'아카카 폭포 주립공원'

입장료: 무료 주소: Red bay Beach Park., Hilo

입장료: 도보 $1, 차 1대당 $5 주소: Hwy 220, Honomu, Hilo, Akaka Falls State Rd. 전화: 808-974-6200 위치: 열대 식물원에서 5mil(8km)

해발 4,206m인 마우나케아는 바닷속 지형까지 합치면 무려 10,203m로 전 세계에서 가장 거대한 산이다. 마우나케아는 하와이어로 '산'이라는 뜻의 '마우나'와 '희다'라는 뜻의 '케아'를 합친 말로, 열대기후에도 산 정상이 눈으로 덮여 있어 '흰 산'이라고 부른다. 마우나케아에서 바라보는 일몰과 별들의 모습은 빅아일랜드 여행의 절정을 선사한다. 빅아일랜드 관광시 최고의 볼거리인 마우나케아를 꼭 찾아보자.

빅아일랜드는 연중 더운 날씨이므로 여름옷을 준비하는 것이 좋지만, 하와이 화산 국립공원, 마우나케아 같은 높은 지대를 관광하기 위해서는 따뜻한 옷을 준비해야 한다.

동영상

빅아일랜드의 꽃
'마우나케아'

관람시간: 24시간(비지터센터 09:00~22:00) **입장료:** 무료 **주소:** Maunakea Access Rd. **전화:** 808-935-6268 **홈페이지:** www.ifa.hawaii.edu **위치:** 주립공원에서 1시간 30분

Tip1 4마일 시닉 드라이브(4-Mile Scenic Drive)

하늘이 보이지 않는 울창한 열대우림지역으로, 좁은 도로이지만 아카카 폭포 주립공원으로 가는 길에 들러보면 좋은 길이다. 중간지점에서 바라보는 오노메아 베이의 풍광은 가히 환상적이다.

주소: Old Mamalahoa Hwy

Tip2 하와이 열대 식물원(Hawaii Tropical Botanical Garden)

1977년 개발이 시작되어 1984년 2만 평의 규모로 오픈했다. 아름다운 계곡에 자리한 식물원은 2천 종의 열대 식물과 멸종위기 종까지 다양하게 갖추고 있으며, 특히 망고, 코코넛 나무는 100년 이상의 수명을 유지하고 있다. 바다 쪽의 아름다운 산책로와 계곡 내의 폭포는 여행자들의 또 다른 감탄을 자아낸다.

관람시간: 09:00~17:00 **입장료:** 성인 $15, 만 6~16세 $5 (6세 미만은 무료) **주소:** 27-717 Old Mamalahoa Hwy, Papaikou **전화:** 808-964-5233 **홈페이지:** www.hawaiigarden.com **위치:** 4마일 시닉 드라이브에 중간에 위치. 다운타운에서 4마일(6km).

마우이 섬을 알차게 즐기려면
꼭 알아야 할 것들

1. 마우이로 가는 방법

마우이 주 공항은 카훌루이공항이다. 마우이로 향하는 직항 노선이 있으며, 호놀룰루 국제공항으로 입국한 후 마우이행으로 환승해도 된다. 대한항공이나 하와이안항공을 이용한다면 ICN발 HNL 및 OGG행 항공편으로 이용할 수 있다. 오아후 섬에서 잠시 마우이 관광을 원한다면 하와이안항공, 고 모쿠렐레항공, 아일랜드 에어를 이용하자. 왕복 $200 선에서 이용할 수 있다. 이웃섬으로 가는 비행기 편은 새벽부터 늦은 저녁까지 자주 있다.

주내선 예약 사이트

하와이안항공(Hawaiian Airlines): www.hawaiianairlines.co.kr
아일랜드 에어(Island Air): www.islandair.com
고 모쿠렐레항공(Go Mokulele): www.mokuleleairlines.com

탑승 정보

체크인 수하물은 환승일 경우 1인당 2개까지 가능하며 수하물 무게 한도는 50파운드 (약 22kg)이고, 기내 반입 수하물은 1개만 허용된다. 다만 오아후에서 마우이까지 주내선만 이용할 경우 수하물 당 $25~의 추가 비용이 소요되며, 기내 반입에는 수하물 1개만 허용된다. 또한 주내선이라도 음료(물 포함)의 기내 반입은 금지된다. 1일 관광으로 마우이를 찾는다면 새벽 비행기로 떠나 밤 비행기로 돌아오는 방법이 유용하다. 이웃섬으로 떠날 경우 사전 티켓 구입 후 본인이 이용할 항공사에 여권과 항공권을 제시한다.

2. 마우이 교통

투어버스, 셔틀버스, 택시 등을 이용해 마우이 여행을 즐길 수 있지만 오아후처럼 대중교통이 잘 발달되지 않아 렌터카를 이용하는 것이 더 편리하다. 렌터카 이용시 카훌루이공항에서 이용할 수 있도록 사전에 예약하는 것이 좋다. 렌터카 관련 정보는 44쪽을 참조하자.

> **Tip**
>
> 마우이의 평균기온은 23~29℃이므로 여름옷을 준비하는 것이 좋지만, 할레아칼라 국립공원 같은 높은 고산 지대를 관광할 때는 따뜻한 옷을 준비해야 한다.

3. 마우이 숙소

마우이에는 고급 리조트, 호텔, 펜션 등 다양한 숙박 시설이 있다. 마우이 서쪽 해안의 카팔루아, 카아나팔리, 라하이나, 키헤이, 마케나, 와일레아에 리조트와 호텔이 있다.

① 최고급 호텔 및 리조트(4~5성급)
포시즌 리조트 마우이 앳 와일레아(Four Season Resort Maui at Wailea): 마우이에서 신혼여행자들이 가장 많이 찾는 리조트다.
홈페이지: www.fourseasons.com/maui
쉐라톤 마우이 리조트 앤 스파(Sheraton Maui Resort & Spa): 카아나팔리의 최고 스노클링 명소로 블랙락 앞에 위치해 있다.
홈페이지: www.sheraton-maui.com
더 패어몬트 케아라니 마우이(The Fairmont Kea Lani Maui): 하와이풍의 최고 인테리어를 자랑한다.
홈페이지: www.fairmont.com/kealani

② 알찬 가격의 쾌적한 호텔(2~3성급)

카아나팔리 비치 호텔(Kaanapali Beach Hotel): 다른 곳에 비해 숙박비가 저렴하며, 카아나팔리 비치를 가까이에서 즐길 수 있다.

홈페이지: www.kbhmaui.com

라하이나 인(Lahaina Inn): 110년의 오랜 전통을 자랑한다.

홈페이지: www.lahainainn.com

로열 라하이나 리조트(Royal Lahaina Resort): 12층 규모의 3성급 호텔로 타워동과 방갈로 스타일의 코티지(cottage)룸으로 되어 있다.

홈페이지: www.royallahaina.com

마나 카이 마우이(Mana Kai Maui): 키헤이 지역에서 가장 입지가 좋은 호텔이다.

홈페이지: www.manakaimaui.com

③ 호스텔

바나나 방갈로 마우이 호스텔(Banana Bungalow Maui Hostel): www.mauihostel.com

알로하 서프 호스텔(Aloha Surf Hostel): www.alohasurfhostel.com

노스쇼어 호스텔(Northshore Hostel Maui): www.northshorehostel.com

Tip

네이버에서 '마우이 추천 호스텔'로 검색하면 트립어드바이저 사이트(www.tripadvisor.co.kr)에서 Best 10을 검색할 수 있으며 사용 후기도 자세히 볼 수 있다.

하와이 여행자들이 찾는 또 다른 천국,
마우이 섬
Maui

오아후 섬에서 약 120km 떨어져 있는 마우이는 제주도(1,848km²)와 비슷한 면적 (1,883.5km²)으로 하와이 제도에서 빅아일랜드에 이어 두 번째로 큰 섬이다. 화산 용 암으로 생성된 2개의 섬이 머리와 몸통처럼 연결된 화산섬이며, '마우이'라는 이름 은 화산의 신이자 물의 신인 마우이의 이름에서 유래되었다. 반신반인(半神半人)인 마우이가 하와이 제도 전체를 해수면 위로 융기시키고 태양을 오래 머물게 하기 위 해 가장 높은 곳인 할레아칼라에 태양을 가두어두었다는 전설이 내려온다.

마우이는 현재 연간 300만 명 이상의 관광객이 찾아오는 최고의 관광지로, 마우 이 주변에는 몰로카이·라나이·카홀라웨·몰로키니 섬 등 4개의 섬이 있다. 세계 최 대 분화구인 할레아칼라산(3,058m)은 변화무쌍한 아름다운 경관을 자랑하며, 하와

이 왕국 최초의 수도였던 라하이나는 50년 가까이 하와이 정부의 중심지이자 1840년부터 25년 동안 포경 산업의 중심지 역할을 했다. 이아오 밸리는 1790년 카메하메하 1세가 치열한 전투 끝에 마우이의 마지막 왕이었던 카헤킬리를 제압한 곳이다. 1828년 마우이 최초의 설탕 공장이 가동되고 성장하면서 많은 이민자들이 하와이에 들어오기 시작했고, 설탕 산업이 하와이의 다민족 문화를 형성한 주요 산업이 되었다. 이후 파인애플과 사탕수수를 재배하고 목축업도 번성했다.

할레아칼라 공원은 높이가 3천m나 되는 고산지대다. 갑작스럽게 고산지대에 오르면 고산증이 올 수도 있기 때문에 타이레놀을 미리 먹고 올라가는 것이 좋으며, 무엇보다 높은 지대이므로 더운 하와이 기후와는 다른 따뜻한 여벌 옷, 선크림, 우비 등을 준비하는 것이 좋다. 또한 공원 근처에는 매점이 없으므로 간식이나 물을 준비하자.

 렌터카 없이 여행사와 함께하는 당일 투어 예약 사이트

하와이엔: www.hawaiin.co.kr   가자하와이: www.gajahawaii.com
하나투어: www.hanatour.com   블루하와이: www.bluehawaii.co.kr

✎ 느낌 한마디

한 번쯤 몰고 싶었던 4륜 구동차를 타고 힘차게 마우이 여행을 시작한다. 제일 먼저 할레아칼라 국립공원으로 달려갔다. 비지터센터에서 숨을 고른 후 본격적으로 국립공원을 올랐다. 날씨는 안개가 끼었다가 갰다가를 반복했다. 변화무쌍한 날씨와 거센 바람을 뚫고 정상에 오르자 구름이 내 앞에서 춤을 춘다. 감탄이 절로 쏟아진다.

두 번째로 비지터센터를 방문했다. 트레일 코스에서 바라보는 화산의 경사면이 자주색 물감을 얹어 놓은 듯하다. 일부 여행자들은 트레일 코스와의 도보 코스로 푸르른 자연을 한없이 즐긴다. 산 아래 자리를 튼 쿨라 롯지에서 이른 점심을 기분 좋게 해결하고, 해변을 따라 달리는 최고의 드라이브 코스인 하나로드를 달려 파이아 빈티지 마을로 갔다. 서부영화에나 등장할 듯한 마을 모습과 맥주 한 잔하고 쉽게 만드는 멋스러움이 있었다. 파이아 마을을 찬찬히 둘러본 뒤 이아오 밸리 주립공원으로 가니 입구부터 달려드는 자연 바람이 신선하다. 주립공원에서 맑은 공기를 마시고 마지막으로 하와이 왕국의 첫 번째 수도였던 라하이나 마을을 방문한다. 라하이나 마을에는 100년이 넘은 반얀 트리가 숨 쉬고 있었고, 석양과 함께 자리한 포경선이 색다른 모습을 보여주었다.

마우이는 가다 서다를 반복할 수밖에 없는 아름답고 따뜻한 곳이었다. 멋진 마우이 관광을 마지막으로 하와이 여행을 마무리할 수 있어서 기뻤다.

마우이 섬

어떻게 가야 할까?

▶ 호놀룰루국제공항에서 하와이안항공으로 이동하는 방법

① 호놀룰루국제공항에 있는 무인발권기에 예약번호를 입력한 후 발권기 안내에 따라 항공티켓을 발권한다. 수하물이 있다면 발권 후 수하물 코너를 이용한다.

② 보안 검사를 거친 후 비행기에 탑승한다. 40분 후에 카훌루이공항에 도착한다.

③ 수하물과 상관없이 수화물 분실 신고소(Baggage Claim) 쪽으로 이동하면 'CAR RENTAL' 이정표가 보인다. 이정표를 따라 오른쪽으로 이동한다.

④ 렌터카 데스크 뒤쪽 렌터카업체의 셔틀버스를 타고 렌터카 사무실로 이동해 렌트 차량을 인도받는다.

> Tip
>
> 오아후에서 마우이로 넘어갈 때나 인천에서 오아후로 갈 때 기내 왼쪽 창가에 앉으면 멋진 경치를 볼 수 있다.

마우이 섬
일정 한눈에 보기

1일 일정

카훌루이공항 ▶ 할레아칼라 국립공원 ▶ 쿨라 롯지(중식) ▶파이아 빈티지 마을 ▶
이아오 밸리 주립공원 ▶ 카아나팔리 비치 ▶ 라하이나 마을(석식) ▶ 카훌루이공항

Tip1
오아후에서 새벽 비행기로 이동한 후 마우이 일정을 시작하므로 오아후로 출발하기 하루 전에 간식거리
를 준비하는 것이 좋다.

Tip2 마우이 1박 2일 추천 코스
1일차: 몰로키니 투어 → 라하이나 마을
2일차: 할레아칼라 국립공원 → 쿨라 롯지 레스토랑 → 하나로드 가는 길 → 파이아 → 아이오 밸리 주립공원

마우이 섬

어떻게 즐겨볼까?

할레아칼라 국립공원(Haleakala National Park)

'태양의 집'이라는 뜻의 할레아칼라는 해발 3,058m의 휴화산이다. 90만 년 전 첫 분화가 시작되었으며, 1750년에 대분화가 일어나기도 했다. 34km의 대분화구 안에는 각기 다른 색을 가지고 있는 13개의 작은 분화구들이 있다. 전설처럼 전 세계에서 일조량(05:30~19:30)이 가장 길다.

3천m가 넘는 할레이칼라산은 고산증세를 피하기 위해 갑자기 산 정상을 오르는 것이 아니라 비지터센터에서 잠시 휴식을 취한 후 올라간다. 할레아칼라 국립공원의 스탬프를 찍을 수 있고, 공원 안내도도 볼 수 있다.

승마와 도보가 가능한 50km의 산길 트레일 코스도 마련되어 있다.

동영상
태양의 집
'할레아칼라 국립공원'

관람시간: 08:00~15:45 **입장료:** 도보 $8, 차 1대당 $15 **주소:** Haleakala National Park, Makawao **전화:** 808-572-4400 **홈페이지:** www.nps.gov/hale **위치:** 카훌루이 공항에서 1시간 30분 거리

레레이위 전망대(Leleiwi Overlook)
공원 아래 풍광을 볼 수 있는 전망대다.

칼라하쿠 전망대(Kalahaku Overlook)
화산의 경사면을 볼 수 있다.

할레아칼라 비지터센터
0.2mil의 파카오아오 트레일(Pa'kaoao Trail) 코스와 등반 코스인 헤오네히히 트레일(Heoneheehee Trail 코스가 있다.

사이언 시티
정상에 천체 물리학 관측 연구단지가 있다. 활화산 지대에서 식생하는 '은검초'는 줄기가 은으로 된 검처럼 생겨서 붙여진 이름으로, 수명이 50년이며 사람의 손이 닿으면 죽는 습성이 있다. 은검초는 절대 손이 닿으면 안 된다.

쿨라 롯지(Kula Lodge)

1940년에 오픈한 쿨라 롯지는 레스토랑과 숙박으로 이용되는 별장을 같이 운영한다. 독특한 정원은 결혼식 장소로도 이용된다. 메뉴로는 프렌치 토스트, 에그 베네딕트, 오믈렛, 햄버거 등이 있다.

파이아 빈티지 마을

마우이 북쪽에 위치한 마을로 빈티지한 레스토랑, 아기자기한 숍들이 즐비해 있으며, 에메랄드빛 바다와 서퍼들을 위한 타운으로 유명하다. 커피 한 잔과 함께 잠시 마을을 산책하며 느끼는 히피스러움은 또 다른 여행의 묘미를 안겨준다.

영업시간: 아침식사 07:00~11:00, 점심식사 11:00~16:00, 저녁식사 16:00~21:00 **주소:** 15200 Haleakala Hwy. Kula **전화:** 808-878-1535 **홈페이지:** www.kulalodge.com **위치:** 할레아칼라 공원 정상에서 6mil(10km)

위치: 하나로드 제일 끝 지점

 하나로드(Road to Hana)

600여 개의 커브길과 50여 개가 넘는 좁은 다리 등 멀고도 험한 길이다. 하지만 여행자들이 이 길을 찾는 이유는 따로 있다. 하와이어로 '하나'는 천국이라는 뜻이다. 즉 하나로드는 천국으로 가는 길을 의미하며, 여행자들은 가장 아름다운 드라이브 길이라고 극찬한다. 처음부터 끝까지 모든 길을 드라이브하기에 시간이 부족하다면 할레아칼라 국립공원을 방문한 후 GPS에 'Road to Hana'를 입력해 일부라도 드라이브를 즐겨보자. 하나로드의 끝 지점인 파이아 빈티지 마을 전에 위치한 호오키파 비치 파크에서 서핑을 마음껏 구경할 수도 있고, 영화와도 같은 드라이브 길을 즐길 수 있다.

이아오 밸리 주립공원(Iao Valley State Park)

산세가 뾰족해 바늘이란 뜻의 '이아오'라는 이름이 붙
었다고 한다. 1790년 카메하메하 1세가 마우이 군대
를 물리친 곳으로 유명하며, 365m 높이의 이아오 니
들(Iao Needle)이 최고의 하이킹 코스다.

개방시간: 10~3월 07:00~17:30, 4~9월 07:00~18:00
입장료: 도보 $1~, 차량 $5~ (신용카드만 결제 가능) **주소:**
End of Iao Valley Rd(HY32),, Wailuku, Maui **전화:** 808-
984-8109 **홈페이지:** www.hawaiistateparks.org

하나카오 비치 파크(Hanakao'o Beach Park)

조용하게 산책을 즐길 수 있는 곳이다. 잠시 해변을
벗 삼아 산책을 즐겨보자.

주차: 무료 **주소:** Hanakao'o Beach Park **위치:** 카아나
팔리 비치와 라하이나 마을 사이

 계곡 위에 높이 솟은 산,
'이아오 밸리 주립공원'

Tip 카아나팔리 비치(Kaanapali Beach)

하와이 왕족들의 휴양지로, 코발트 색의
바다와 5km에 달하는 백사장이 특징이
다. 쉐라톤 마우이 리조트 앞에 있는 블랙
록 바위에서는 스노클링을 즐길 수 있다.
입장료: 무료 **주소:** 50 Nohea Kai Dr.,
Kaanapali

라하이나(Lahain) 마을

1820~1844년까지 하와이 왕국의 첫 번째 수도였다. 포경선이 넘나드는 정박항으로 번화했던 곳으로 라하이나 항을 중심으로 상점과 레스토랑이 몰려 있으며, 라하이나 항에서는 스노클링, 선셋 디너, 요트들이 즐비하다. 푸드랜드에 주차 후 라하이나을 마을 구경해보자.

반얀 트리

1873년 4월 라하이나에서 그리스도교 포교 50주년을 기념해 식수한 것으로, 여러 개의 나무처럼 보이지만 한 그루에서 줄기가 흘러 뿌리 내리기를 반복한 엄연히 한 그루의 반얀 트리다. 가지가 뻗은 범위만도 800평이나 되며 높이도 18m나 되는, 하와이에서 가장 큰 반얀 트리다.

> **Tip** 한국 이민정과 이민자 공원
>
> 주립공원을 관광한 후 5분 정도 내려오면 오른쪽에 위치해 있다. 2003년 하와이 이민 100주년을 기념해 건립한 이민정과 중국·일본·포르투갈 이민자 공원에서 이민자 공원에서 이민의 역사를 볼 수 있다.

주소: 878 Front St., Lahaina(라하이나 마을에 위치한 푸드랜드)

라하이나 코트하우스(The Lahaina Courthouse)

1859년에 지어진 옛 법원 건물로 현재는 지하에 감옥 갤러리, 1층에는 갤러리와 여행자센터, 2층은 하와이 역사를 전시해놓은 공간으로 사용하고 있다.

해변을 따라 즐비해 있는 레스토랑, 갤러리, 상점 등 올드한 다운타운을 구경한 후 치즈버거 인 파라다이스, 부바 검프 쉬림프, 키모스레스토랑 등 자신의 취향에 따라 저녁식사를 즐겨보자.

입장시간: 09:00~17:00 **입장료:** 무료 **위치:** 반얀 트리 내에 위치 **홈페이지:** www.lahainarestoration.org

푸드랜드

하와이 어디에서나 볼 수 있는 마켓이다. 생수, 음료 및 초밥, 빵이나 도시락 등을 살 수 있다. 시간이 부족한 여행자들은 공항에 가기 전 초밥 등을 준비해 공항에서 저녁을 해결하는 것도 좋다.

배, 요트를 타야만 들어갈 수 있는 초승달 모양의 몰로키니 섬은 스노클링 명소로 유명하다. 20m 아래까지 보이는 맑은 바닷물에는 형형색색의 열대어들과 산호초들이 환상의 모습을 자아낸다. 스노클링이나 스쿠버다이빙을 즐기는 여행자들이 마우이를 찾았다면 놓쳐서는 안 되는 최고의 투어 코스다.

출발 전 인터넷으로 예약하면 더 저렴하게 이용할 수 있다. 투어는 스노클링과 거북이 투어, 점심이 포함된 일정이다. 투어 프로그램이 회사별로 가격이 다른 이유는 배가 몇 인승인지와 점심의 질에 따라 차이가 나기 때문이다. 스노클링만 목적이라면 $80 대의 패키지를 적극 추천한다. 대부분의 몰로키니 투어를 위한 배는 항구에서 오전 7~9시에 출발하며, 투어를 마무리하고 나오면 오후 1시 정도 된다. 몰로키니 스노클링 투어 출발 장소는 마알라에아 항구(Ma'alaea Harbor)이며, 정확한 집합시간 및 기타 사항들은 예약 사이트에서 확인하는 것이 좋다. 몰로키니 투어를 포함 마우이 당일 투어시, 몰로키니 투어 후 라하이나 마을, 이아오 밸리 주립공원 관광 후 공항으로 출국하는 일정을 추천한다.

몰로키니 스노클링 투어 예약 사이트
① GNS 하와이
요금: $75~ 홈페이지: www.gnshawaii.com
② 라하이나 다이버스
요금: $79~ 홈페이지: www.lahainadivers.com
③ 퍼시픽 웨일 파운데이션
요금: $84.55~ 홈페이지: www.pacificwhale.org/content/molokini-turtle-arches-snorkel
④ 프라이드 오브 마우이
요금: $96~ 홈페이지: www.prideofmaui.com
⑤ 트롤리지
요금: $129~ 홈페이지: www.sailtrilogy.com

『난생 처음 하와이』
저자 심층 인터뷰

Q 『난생 처음 하와이』를 소개해주시고, 이 책을 통해 독자들에게 전하고 싶은
메시지가 무엇인지 말씀해주세요.

A 기대 반, 설렘 반으로 떠나는 하와이를 알차게 즐길 수 있도록 퍼즐처
럼 꾸며놓은 책입니다. 이 책의 일정대로 움직인다면 처음 하와이 여행
을 떠나는 사람들이라도 전혀 문제가 없도록 구성했습니다. 숙소, 렌터
카 등의 기본 정보를 비롯해 일정마다 꼭 먹어야 하는 먹거리, 놓치면
안 되는 볼거리까지 고민 없이 마음 편히 여행을 즐길 수 있도록 다양
한 정보를 담았습니다. 이 책만으로도 5박 7일을 실속있게 보낼 수 있
을 것입니다.
하와이는 여러분이 상상하는 것보다 훨씬 자유롭고 아름다운 곳입니
다. 가는 곳마다 낭만과 사랑이 넘쳐나는 이 행복한 하와이를 어떻게
한마디로 요약할 수 있겠습니까? 그냥 떠나라고 이야기하고 싶습니다.
이 책과 함께 지친 일상을 충만한 삶으로 만드시기 바랍니다.

Q 시중에는 수많은 하와이 여행서들이 있습니다. 이 책은 유사 도서들과 어떤 차이점이 있나요?

A 시중에는 넘쳐나는 정보와 함께 너무나 많은 책들이 나와 있습니다. 스트레스를 이겨낼 자신이 있다면 정보가 꾹꾹 담겨 있는 책들을 읽고, 일정을 짜고, 거기에 더해 인터넷으로 정보를 찾으시면 됩니다. 그러나 스트레스 없이 하와이 여행을 즐기고 싶다면 이 책을 고르십시오. 이 책은 5박 7일간의 여행 일정을 구체적으로 제시하며, 더 나아가 이웃섬의 정보까지 수록했습니다. 만약 이 책에 더해서 새로운 여행지를 추가하고자 한다면 검색 후 부록처럼 첨가만 하면 됩니다. 넘치는 정보들을 정리하느라 출발 전부터 머리를 부여잡기보다는 꼭 필요한 정보만을 담은 이 책이라면 더 즐거운 하와이 여행이 될 수 있을 겁니다.

Q '하와이' 하면 '진주만'이나 '와이키키'가 먼저 떠오르는데요, 하와이는 어떤 곳인지 소개해주세요.

A 하와이는 폴리네시아 제도 중 하나로, 오랜 시간 폴리네시아인들이 그들만의 독특한 문화와 삶의 방식을 유지했던 곳입니다. 지금은 미국의 50번째 주로 편성되어 있지만 전혀 미국같지 않습니다. 음식도, 관광지도, 사람들의 모습도 폴리네시아에 있는 아름다운 섬 하나를 탐방하는 듯한 느낌이 납니다. 바다는 힘차게 에메랄드빛을 토하며 넘실거리고, 해변을 따라 이어지는 금빛 모래사장은 표현할 수 없는 감동을 줍니다. 하지만 제2차 세계대진이라는 뼈아픈 전쟁의 역사를 간직한 곳이기도 합니다. 그래서 더 안타깝고 더 애정이 가는 것 같습니다. 거리마다 듬성듬성 자리한 성조기보다는 곳곳에서 흔히 볼 수 있는 우쿨렐레와 훌라춤이 더 어울리는 곳, 미국 본토와는 다른 느낌을 주는, 그들만의 독특한 매력을 간직한 곳입니다.

Q '지상 최고의 낙원' 하와이 여행의 묘미에는 어떤 것들이 있을까요?

A 습하고 가만히 있어도 땀이 잔뜩 나는 더운 여름이 좋으신가요? 아니면 강렬한 햇볕은 있지만 습하지 않고 그늘에 들어가면 무더위를 잊어버리게 만드는 곳이 좋으신가요? 당연히 건조하고 시원한 여름을 좋아하실 겁니다. 이번에는 먹는 물과 배앓이가 걱정되는 곳과 곳곳에 마련된 자연 식수를 마음껏 마실 수 있는 곳 중 어느 곳이 좋으신가요? 당연히 걱정 없는 곳이 좋겠지요?

하와이는 그런 곳입니다. 기분 나쁘지 않은 따사로움, 곳곳에 마련된 식수로 물 걱정이 없는 곳, 그리고 아름다운 산과 바다가 어우러진 천혜의 자연 조건을 갖추었습니다. 또한 치안 걱정 없이 밤늦은 시간까지 마음껏 즐길 수 있습니다. 길을 가다 아무 곳에나 앉아도 힐링되는 하와이 여행의 묘미를 어떻게 짧은 몇 마디로 설명하겠습니까? 떠나야만 느낄 수 있는 눈부신 하와이가 여러분을 기다리고 있습니다.

Q 해외 여행시 가장 걱정이 되는 부분이 바로 언어 문제인데요, 하와이를 여행하면서 언어적으로 도움을 받을 방법은 없는지 궁금합니다.

A 운전하는 데 문제가 없으신가요? 그럼 하와이 여행의 80%는 완성되었다고 볼 수 있습니다. 일단 하와이 여행의 대부분 코스는 렌터카를 이용해 섬 일주를 하는데, 내비게이션에 나오는 영어는 방향 정도만 알려주는 수준이며, 무엇보다 운전석이 한국과 같기 때문에 규정만 잘 지킨다면 아무 문제없이 하와이 여행을 즐길 수 있습니다.

운전을 못해도 걱정하지 않아도 됩니다. 하와이 남부 관광이나 다운타운 관광, 와이키키 비치를 즐기는 것만으로도 하와이를 충분히 느낄 수 있습니다. 아니면 '더 버스'를 이용해 북부 지역까지 올라가 해변 드라이브도 즐길 수 있습니다. 물론 대중교통을 이용하는 것도 중학교 수준의 간단한 영어만 할 줄 안다면 충분합니다. 게다가 친절한 사람들이 많으니 언어 문제는 전혀 걱정하지 않아도 됩니다.

Q 하와이 음식이 우리 입맛에 맞지 않아 고생하는 경우는 없나요? 또 하와이에서 한번쯤은 꼭 먹어보아야 할 음식이 있다면 어떤 것이 있을까요?

A 식사할 때 김치, 고추장이 꼭 있어야 하는 사람이 아니라면 문제가 없습니다. 많은 사람들이 간식으로 먹는 햄버거는 그 양이 너무 많아 식사대용으로도 충분하고, 한국의 밥버거처럼 간단히 먹을 수 있는 무스비는 편의점에서 식당까지 어디서나 쉽게 먹을 수 있습니다. 로꼬모꼬는 하얀 쌀밥에 함박스테이크, 계란 후라이가 나오기 때문에 전혀 낯설지 않은 음식입니다. 하와이 전통음식도 먹기에 불편하지 않은 건강식입니다. 몸에 좋은 아사이베리를 간 후 바나나, 키위, 딸기 등의 과일을 얹어 먹는 하와이 대표 간식 아사이볼은 먹는 것만으로도 건강해지는 느낌입니다. 하와이 음식은 입맛에 맞지 않아 고생하기보다는 너무 많이 먹어 다이어트를 해야 할 정도로 맛있습니다.

Q 하와이 여행중 꼭 들러보아야 할 곳을 추천한다면 어디인가요? 몇 군데 소개 부탁드립니다.

A 하와이는 태평양을 머금은 환상의 바다를 소유하고 있습니다. 스노클링의 천국 하나우마 베이, 미국 내 유일한 궁전인 이올라니 궁전, 폴리네시안 문화의 진수를 엿볼 수 있는 폴리네시안 문화센터, 서핑의 천국인 노스쇼어, 그리고 제2차 세계대전의 애잔함을 느낄 수 있는 진주만, 더해서 시간이 허락된다면 이웃섬 빅아일랜드와 자연의 천국 마우이까지 둘러본다면 하와이 여행은 결코 잊을 수 없는 최고의 선물을 줄 것입니다.

Q 하와이를 여행하시면서 재미있는 에피소드가 많았다고 들었습니다. 그 중 하나만 소개해주세요.

A 빅아일랜드의 마우나케아 천문대를 방문했을 때 일입니다. 마우나케아 천문대는 해발 4천m가 넘는 곳입니다. 그런데도 하와이 제도가 아열대 성 기후이기 때문에 높은 산이라고 해도 그렇게 추울 것이라고는 생각 하지 않고 반팔만 입고 올라갔었습니다. 천문대 비지터센터에서 정상 까지 차로 30여 분을 올라갈 정도니 대단한 높이였습니다. 차에서 보는 천문대 아래의 산과 구름의 모습은 입이 벌어질 정도로 감격스러웠습 니다. 더 자세히 보고 싶어 차에서 내렸는데 바람이 너무나 심하게 불 어 나가기가 무섭게 부리나케 들어올 수밖에 없었습니다. 살갗이 갈라 지는 듯한 추위였습니다.

아무리 좋은 경치라도 제대로 준비되지 않으면 저처럼 100% 만끽할 수 없습니다. 마우나케아 천문대를 방문할 예정이라면 겨울용 옷은 필 수입니다.

Q 하와이는 미국령이긴 하지만 원주민 섬으로도 잘 알려진 곳인데요, 하와이 여행할 때 꼭 알아두어야 할 것이 있다면 말씀해주세요.

A 하와이 제도는 오아후·마우이·빅아일랜드·카우이·몰로카이·라나이· 니하우 섬으로 나누어져 있습니다. 그런데 한국 사람들은 오아후 섬을 흔히 '하와이'라고 이야기합니다. 하와이 여행을 끝나고 나면 "하와이 에 다녀왔다."가 아니라 "하와이의 여러 섬 중 오아후 섬에 다녀왔다." 라고 말해야 합니다. 또 하와이 제도는 원주민 섬이기 때문에 영어 이 외에 간단한 하와이어 인사말 정도는 알고 가시는 게 좋습니다. 알로하 (Aloha), 마할로(Mahalo), 오노(Ono), 위키위키(Wiki Wiki), 샤카(Shaka)만 알고 가도 더 맛깔스러운 하와이 여행을 즐기실 수 있습니다.

하와이를 여행할 여행자들에게 꼭 해주고 싶은 이야기가 있다면 어떤 것들이 있나요?

 대부분의 유명 관광지가 그러하듯 치안이 잘 되어 있는 곳이지만 가끔 도난 사건이 발생합니다. 견물생심이라고 차량 안에 손가방이나 귀중품을 두고 내리면 창문을 깨고 훔쳐 가는 일들이 생기기도 합니다. 안전하다고 방심하기보다는 예방이 최선책입니다.

그리고 미국이기 때문에 식당이나 호텔 등에서의 팁문화가 존재합니다. 무의식적으로 팁을 두지 않고 나온다면 한국인에 대한 안 좋은 인상을 남길 수 있습니다. 로마에 가면 로마법을 따르듯이 우리에게는 익숙하지 않은 팁문화지만 잘 숙지해 더 행복한 하와이 여행이 되었으면 좋겠습니다.

1. 네이버 검색창 옆의 카메라 모양 아이콘을 누르세요.
2. 스마트렌즈를 통해 이 QR코드를 스캔하면 됩니다.
3. 팝업창을 누르면 이 책의 소개 동영상이 나옵니다.

■ 독자 여러분의 소중한 원고를 기다립니다 ─────────────────

메이트북스는 독자 여러분의 소중한 원고를 기다리고 있습니다. 집필을 끝냈거나 집필중인 원고가 있으신 분은 khg0109@hanmail.net으로 원고의 간단한 기획의도와 개요, 연락처 등과 함께 보내주시면 최대한 빨리 검토한 후에 연락드리겠습니다. 머뭇거리지 마시고 언제라도 메이트북스의 문을 두드리시면 반갑게 맞이하겠습니다.

■ 메이트북스 SNS는 보물창고입니다 ─────────────────

메이트북스 홈페이지 www.matebooks.co.kr
책에 대한 칼럼 및 신간정보, 베스트셀러 및 스테디셀러 정보뿐만 아니라 저자의 인터뷰 및 책 소개 동영상을 보실 수 있습니다.

메이트북스 유튜브 bit.ly/2qXrcUb
활발하게 업로드되는 저자의 인터뷰, 책 소개 동영상을 통해 책에서는 접할 수 없었던 입체적인 정보들을 경험하실 수 있습니다.

메이트북스 블로그 blog.naver.com/1n1media
1분 전문가 칼럼, 화제의 책, 화제의 동영상 등 독자 여러분을 위해 다양한 콘텐츠를 매일 올리고 있습니다.

메이트북스 네이버 포스트 post.naver.com/1n1media
도서 내용을 재구성해 만든 블로그형, 카드뉴스형 포스트를 통해 유익하고 통찰력 있는 정보들을 경험하실 수 있습니다.

메이트북스 인스타그램 instagram.com/matebooks2
신간정보와 책 내용을 재구성한 카드뉴스, 동영상이 가득합니다. 각종 도서 이벤트들을 진행하니 많은 참여 바랍니다.

메이트북스 페이스북 facebook.com/matebooks
신간정보와 책 내용을 재구성한 카드뉴스, 동영상이 가득합니다. 팔로우를 하시면 편하게 글들을 받으실 수 있습니다.

───
STEP 1. 네이버 검색창 옆의 카메라 모양 아이콘을 누르세요.   STEP 2. 스마트렌즈를 통해 각 QR코드를 스캔하시면 됩니다.
STEP 3. 팝업창을 누르시면 메이트북스의 SNS가 나옵니다.

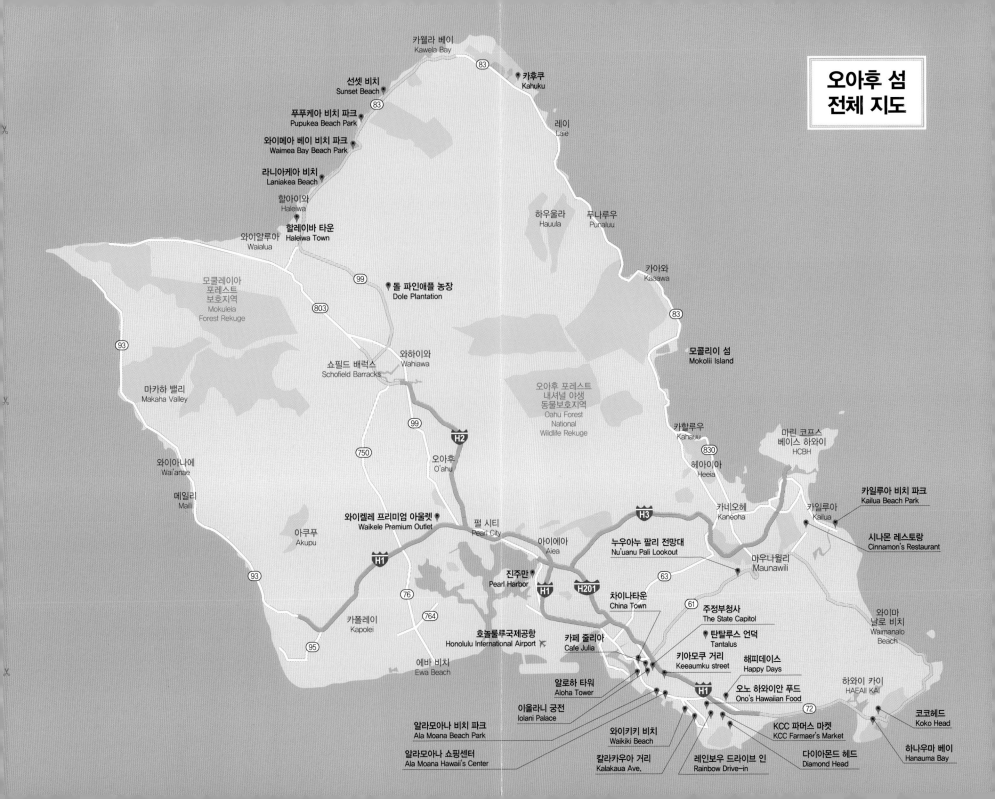

빅아일랜드 전체 지도

아카카 폭포 주립공원 Akaka Falls State Parks
하와이 열대 식물원 Hawaii Tropical Botanical Garden
레드 베이 비치 파크 Reeds bay Beach Park
힐로국제공항 Hilo International Airport
카페 100 Cafe 100
켄즈하우스 Ken's House of Pancakes
호노무 Honomu
힐로 Hilo
하와이안 파라다이스 파크 Hawaiian Paradise Park
볼케이노 하우스 Volcano House
하와이 화산 국립공원 Hawaii Volcanoes National Park
체인 오브 크레이터스 로드 Chain of Craters Road
크레이터 림 드라이브 Creater Rim Driver
볼케이노 Volcano
라우파호에 Laupahoehoe
파일로 Paauilo
호노카아 Honokaa
와이메아 Waimea
마우나케아 산 Mauna Kea
마우나케아 Mauna Kea
하와이 섬 Island of Hawai'i
마우나 로아 Mauna Loa
힐로 포레스트 리저브 Hilo Forest Reserve
파할라 Pahala
푸날루우 블랙샌드 비치 Punalu'u Black Sand Beach
카우 포레스트 보호지역 Kau Forest Reserve
나알루 Naalehu
사우스 포인트 South Point
오션 뷰 Ocean View
하위 Hawi
카와이하에 Kawaihae
칼라오아 Kalaoa
카일루아-코나 Kailua-Kona
캡틴 쿡 Captain Cook
호노누-나푸푸 Honunau-Napoopoo
밀로리 Miloii
코나국제공항 Kona International Airport
바직 아사이 Basic Acai

250 270 19 180 11 130 132 137

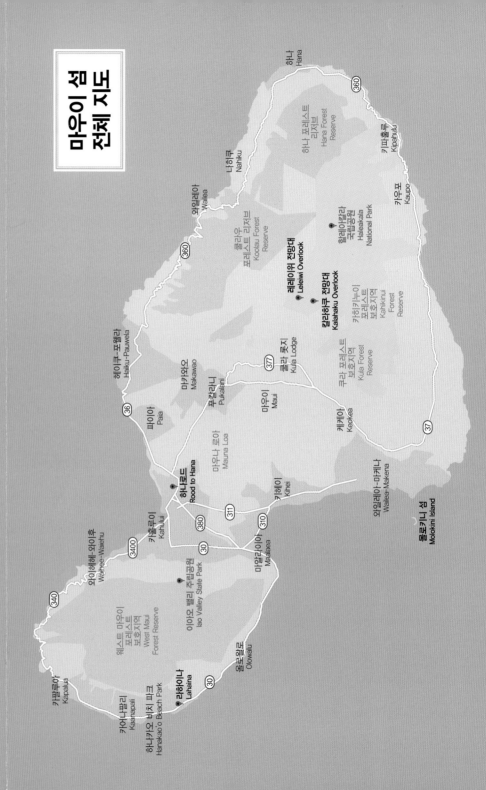

마우이 섬 전체 지도

하나 Hana
나히쿠 Nahiku
하나 포레스트 리저브 Hana Forest Reserve
카파훌루 Kipahulu
와일레아 Wailea
카우포 Kaupo
쿨라우 포레스트 리저브 Koolau Forest Reserve
할레아칼라 국립공원 Haleakala National Park
레레이위 전망대 Leleiwi Overlook
칼라하쿠 전망대 Kalahaku Overlook
카히키누이 포레스트 보호지역 Kahikinui Forest Reserve
하이쿠-포웰라 Haiku-Pauwela
마카와오 Makawao
푸칼라니 Pukalani
쿨라 롯지 Kula Lodge
쿨라 포레스트 보호지역 Kula Forest Reserve
마우이 Maui
마우나 로아 Mauna Loa
케케아 Keokea
파이아 Paia
하나로드 Road to Hana
카훌루이 Kahului
키헤이 Kihei
마알라에아 Maalaea
와일레아-마케나 Wailea-Makena
몰로키니 섬 Molokini Island
와이헤에-와이에후 Waihee-Waiehu
이아오 밸리 주립공원 Iao Valley State Park
웨스트 마우이 보호지역 West Maui Forest Reserve
카팔루아 Kapalua
카아나팔리 Kaanapali
하나카오 비치 파크 Hanakao'o Beach Park
라하이나 Lahaina
올로왈루 Olowalu

360 36 377 37 380 311 310 30 340 3400